U0303622

Following
Insects

# 追随昆虫

杨小峰◎著

商务印书馆
The Commercial Press
创于1897

如果可以选择，我希望生活在19世纪末的普罗旺斯。当我是个小孩的时候，可以整天跟在一位老人的身后，借自己明亮的眼睛给他观察昆虫的生活，并且不知疲倦地为他在田野里搜集圣甲虫的粪球。

序 言

首先，我是伟大的法布尔的忠实崇拜者。

然后，你可能想不到我小时候是个非常怕虫子的人。每年都盼着冬天快点到来，这样就不会被它们困扰。不过，打小我对于它们所表现出来的庞大多样性和生存策略一直非常钦佩，也从未间断对此类知识的汲取。当然，恐惧是始终存在的。事后，我总结道：

**如果你害怕一样事物，却又注定无法摆脱，**
**那么爱上它也许是最好的相处方式。**

处在安全距离以外的虫子会获得我的全部赞美，但是随着它们的靠近，两种相互矛盾的感情同时变得强烈。在上述结论的鼓舞下，我现在居然可以接受虫子在身上爬，甚至还咬着牙来一点小互动。可谓是比叶公好龙进步的地方。

这本书将向您展示我眼中昆虫的生活与智慧，以及同昆虫密不可分的蜘蛛和其他无脊椎动物。蛛形纲下的蜘蛛目是一个值得敬佩的类群，它们以一个目的力量，对抗整个昆虫纲。

我现在最大的快乐，就是对于微观世界，我能够以神的空间视角扫过它们的家园和城市，俯瞰它们的万众生机，以神的时间尺度看它们世代相传，坚持不懈；又能够想象自己化身为它们当中卑微的一员，去感受它们的欢欣与骄傲，绝望与坚强。通过长久阅读而积累的知识储备，令我无论漫步山野乡村，还是城市绿地，抑或是窗台门缝，只要看到一丝虫迹，半片残骸，或是几个忙碌的身影，我都能猜想出它们所经历的故事。每只小虫都向我诉说自己的理想与抱负，还有它们种族的史诗。惊鸿一瞥间，我感受沧海桑田。

　　人类同其他所有物种都是造物的子孙，我为自己是它们的兄弟姐妹而自豪，为人类演化出可以尝试理解它们行为的心智而庆幸。

　　每个孩子都会被昆虫吸引，他们积极探索，求知若渴。然而成年后人们害怕甚至厌恶昆虫，城市人想拼命隔断自己同其他物种的联系（除了宠物），这是多么愚蠢和徒劳。希望我的这些日记，让小孩子更加清楚地明白自然的运作方式，保持同自然的联系，亦能唤醒成年人心中那被自己雪藏的亲近自然及其他物种之心。因为有缘，我们共同出现在诞生了46亿年的地球上，试着去理解这些兄弟姐妹，它们能带给我们的不仅是乐趣，还有力量。

# 目录

**1**

## 与虫为邻

# 他山之虫

**3**

同处一室

**4**

生生不息

Following
Insects

# 与虫为邻

即使居住在城市中，昆虫也随处可见。
从社区、学校和单位的绿化带，到普通城市公园，
它们的身影四处遍布。
你或许觉得那些在身边的虫子已经见怪不怪，
不过还有很多隐藏的种类等待着善于发现的眼睛；
即使是常见的虫子，也有不为人知的一面。

想要亲密接触大自然，
不一定去到遥远的荒野。
只要你肯蹲下来观察和等待，
新世界的大门就会慷慨开启。

自然并非仅存于远在天边的高山和雨林，
自然就在脚下。

# 傍晚的飞行课

—

理工大学东南角的滨河绿化带成为我的拍摄基地。这是一段夹在护校河和校内车行道之间的普通绿化带，东西长约400米，南北进深不足25米，配置了常见的园林植物。这里停车方便，人迹稀少。不上课的几个小时，我带着相机在此尽情享乐。

杭州所在的地理位置，一年的虫季是从四月份开始的。但是连绵的阴雨让我诸多的采风计划泡汤。等到本月中旬的一天，早上仍有雨情，中午，下沙大学城上空的那些乌云终于被我的一身正气给驱散了！漫步景观小路，末班的春雨冲洗过叶片，各种纯净的绿色交叠在一起，到处点缀着晶莹的水珠。一切都那么明朗，乍看去枝条间仿佛没有了虫儿们的藏身之所。不过这无所谓，单是呼吸一下雨后树丛中特有的清新就令人心旷神怡。

花幕方谢的梨树得了严重的锈病。虽然远看那嫩绿叶片上的点点鹅黄给人温暖的感觉，但放大后它们其实是由极小的叶面"疱疹"组成，会影响光合作用。一只刚刚迁飞至此的黑色有翅蚜站在这片被真菌蹂躏的土地上，意气风发。它对自己将要建立的夏季殖民地充满信心。

搜索过步道和小广场后，我钻进沿河的树丛中。这里光线较暗，头顶的天空被铺展的叶片全部利用。地上的苔藓和落叶隔离了泥土，让我放心地感受脚下的松软。一只食虫虻停在被雨水打湿而变得黝黑的晚樱

树干上，这是我在滨河带遇到的第一只不会被风影响的昆虫。我可以通过把相机和手支撑在树干上来获得稳定的拍摄姿势。

在做这件事情之前，我先打量树皮是否足够干净。巴掌大的地方首先映入眼帘的是下方码放整齐的蜡类的卵，它们就像一堆带盖的小罐子；往上是一只灰突突的蛾蠓，再往上是蜡蝉的低龄若虫以及小到分辨不出的象甲；一只潮虫匆匆地爬上来，停在我打算搁手的地方不动了。我只好把它请走。一口气吹过去，潮虫的身体晃动了一下，仍然扒在树干上，但是右边一寸远的地方有个东西做出了同样的晃动——原来是一只黑漆漆的蜘蛛。它的保护色非常完美，以至于我需要把树皮上的疙瘩作为参照物才能在取景框里找到它。

总之，在这一瞬间，虫虫乐园的大门对我敞开了！

除了中午时段，下午和晚上的两门课之间我还有接近两个小时的自由时间。因为傍晚光线衰减得很快，下课后我径直奔向那个树干。可是半路上我被空中一个熟悉的身影"叫"住了。

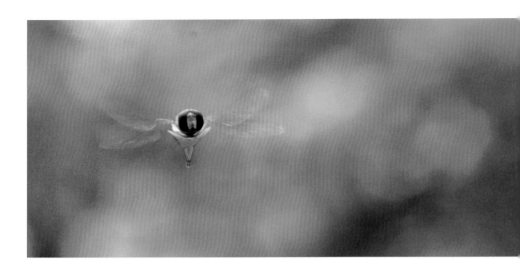

　　是老朋友黑带食蚜蝇，它已经开始了每天例行的悬飞表演。食蚜蝇通过拟态蜜蜂的黑黄警戒色来保护自己。顾名思义，它的幼虫取食蚜虫，而成虫又可传粉，是人类的朋友。

　　现在，它选择一个有标记的开阔地作为自己的舞台，一般是由几棵乔木所围合的场地。雄性食蚜蝇在这里表演的节目是悬停，它假装自己是空中的一个固定不动的点，以此来炫耀飞行技巧，吸引潜在的异性观察者。食蚜蝇很轻，随便一阵微风都可以将它吹离原来的坐标。所以它必须密切关注风的方向和强度，在第一时间做出反应，协调飞行肌往反方向加速。只有这样，才能尽可能让自己看起来只是在空中微微地振动，而不是剧烈地晃动。这非常难，特别是风向和风力都飘忽不定时。既要保证足够的调整，又要避免矫枉过正。如果你小时候试过在乱风中用拍子颠乒乓球，就知道人很快便跑到离起点很远的地方啦。

　　飞行课提供了绝佳的拍摄机会，更是绝妙的观察机会。食蚜蝇的悬飞高度大多数时候在人类的视高范围内，也就是说我不用踮脚或弯腰，就可以站在那儿舒服地观赏。当然，贸然靠近会吓跑它们，需要耐心缓慢地"平移"到它们跟前。

　　食蚜蝇是精致耐看的昆虫，我可以推进到距离它不足一尺的地方，享受双眼观察所形成的立体视觉，这是二维的摄影作品无法传递的。而且，我看到的不是僵硬的标本，而是动态的演出，是人类最梦寐以求的空中悬停。这个小生命是如此信任我，在远小于我们人类定义的"社交距离"上，它时而搓动六足，时而原地旋转，全方位地向我展示它的身体。当眼中仅剩这洒满阳光的金色身影，除了感受跨越物种的精神交流，人类自身的飞行梦想仿佛都得到了部分实现。还有比这更美妙的体验吗？

　　即使在运算量极大的悬飞当口，食蚜蝇依然有能力同时进行对苍蝇们来说最重要的日常清洁行为，即我们所熟知的"搓脚"。平日里我们看到苍蝇频繁地搓动前足，因为前足几乎不承担身体的重量。而当它们打算搓后足的时候，需要调整重心以及另外四足的力量分配。当然这对一只虫子来说不算什么，可还有什么时间比悬飞的时候更适合搓后足呢？而且悬飞还有个好处：可以六只脚一起搓！

　　我以前曾经很幸运地同一只食蚜蝇建立了足够深厚的友情，以至于我用自己的手背轻轻地"接住"了正在忘情搓脚的它。食蚜蝇大吃一惊：不小心搓出来一个地球！

在广阔的舞台上，它有几个常用的坐标，每隔几十秒就会"跃迁"到下一个任意坐标继续悬飞。这个速度很快，我们的肉眼基本上是要跟丢的。但是你只要熟悉它的套路，把附近的坐标搜索一下就能找到它。记住让自己始终扮演一棵树的角色，因为它不允许自己的地盘里出现第二个飞行物体，所有的飞行物体（除了雌性食蚜蝇）都是挑衅。我看到另外一只食蚜蝇无意中路过此处，主人立刻冲上前去，将对方粗暴地驱离，然后回到原来的坐标。这也说明，它那发达的复眼可以以周围的树木作为参照系建立短期视觉记忆。它很可能把我当作重要参照物——十分荣幸！

长时间的飞行是很耗费体力的事情，食蚜蝇会适当休息。特别是当风力较强的时候它也没那么傻，会找个地方暂避风头。我想舞台选址的一个因素就是靠近蜜源植物，比如这一只，当它精疲力尽的时候，可以到河边的野蔷薇花上补充能量。

　　我的闪光灯很不知趣地没电了，而我本打算去的树干那里又比较暗，我要珍惜目前尚可的天光，只得同食蚜蝇道别。

　　几小时内，树皮上的水蒸发了，树干变回较浅的颜色。大多数虫子都走了，只有蜘蛛还倔强地待在原地。但是现在它的保护色失效了，黑色的身体从灰色的环境中显露出来，我可以看清它的轮廓。前面的两对足明显长于后面两对，八颗像针尖那么大的小眼睛排成两排，原来这是一只蟹蛛（这位老兄是横着走路的）。一只蚂蚁进入视野，而且看上去要从蟹蛛这里经过。蟹蛛慢慢抬起了前面的两对步足——这是一个攻击姿态！

可是，什么也没有发生！蟹蛛的样子更像是对蚂蚁表示："如果你想从我这里经过，那我就把路让开……"

蚂蚁打量了一番，很不屑地绕开了。姑且认为这是一只仁慈的蟹蛛吧。

我回到食蚜蝇的舞台去找它，但是没有。我仔细查找它常用的坐标，搜索它曾经休息过的叶片，都没有。我悄悄地转身，期待它像刚才几次一样忽然调皮地出现在我面前，可身后只有空气。我先抛弃了它，然后被它抛弃。

哦！我失去了一个朋友……

# 进击的蛞蝓

——

一场雨停后，地面稍稍干燥了些。我在滨河带护坡上找到一个缺口，可以沿踏步（建筑学术语，指台阶的每一步）下到河边的步道。护坡的挡土墙顶有一只奇怪的蜗牛躺在那里。

乍看上去是蜗牛几乎整个儿爬了出来，并缠在自己的壳上。我的第一感觉是现在发明了什么新型的杀虫剂，居然可以骗蜗牛离家出走。虽然我对这一坨肉乎乎没有细节的东西的兴趣远小于对节肢动物外形的热爱，但还是弯下腰，打算看个究竟。

外面居然是一只蛞蝓。

蛞蝓俗称鼻涕虫，是蜗牛的近亲。它们和蜗牛一样，走过的地方会留下一道黏液。这一只的身体看上去不像它的同类那样黏黏的，不过它在亲戚家门口干什么呢？

这时候我注意到蜗牛被破坏的房门，以及由于顶部内容物的空缺而变得半透明的壳。蛞蝓居然在取食蜗牛！蛞蝓把蜗牛的身体液化，然后吸食。我用小棍轻轻地捅了捅它，一个极不情愿的头部从蜗牛壳里缓慢地拔出来，可以看到两对黑色的短触角。然后这些触角缩进去，像惧光的眼一样。这个没有任何特征的头部极其缓慢地，以比树懒还要慢两倍的速度转向另外一边，假装做出要逃跑的样子，却停在逃跑的启动姿势等待了几秒钟。没有新的外界刺激产生。"哦，原来是个误会呀。"于

是它用同样缓慢的速度把头转回蜗牛壳，继续享用大餐。

　　大多数的蜗牛和蛞蝓都是植食性的，但是它们当中有些肉食性种类非常凶猛，今天有幸见识到的是狮纳蛞蝓。不知道这只蛞蝓是通过伏击还是追杀捕获蜗牛的，如果是后者，它们之间一定经历了一场难以想象的"生死时速"！

　　当我午饭后再回来时，蜗牛壳内空缺的部分变大了。根据体积估算，蛞蝓吃完这只蜗牛要超过3小时。

　　一只食虫虻停在重瓣蔷薇的绿叶上，被后面盛开的花朵披上了粉色的光环，像莲台上的佛像一样。这家伙凭借一副锐利的刺吸式口器，勇敢地刺穿各种飞行昆虫的盔甲，靠偷袭和蛮力置对方于死地。这是冷兵器世界里的强盗，所以也叫盗虻。

　　食虫虻曾是我敬佩的昆虫，它从不挑食：心情低落的时候，去叮一些蚜虫小蛾类的无害猎物做点心；情绪激昂起来，敢于挑战昆虫纲所有的王牌飞行员。它甚至能够击落飞行中的蜻蜓，尽管后者比它大得多。

食虫虻身材矫健，停歇的时候就像一个导弹发射架。它那巨大而美丽的复眼使之成为昆虫摄影的好模特。复眼上表现出彩虹的颜色，带有一点点渐变，就像美术课本里的二维色谱。几千只小眼排列得像一张网一样，所以也叫"网目"。复眼几乎占据了食虫虻的整个头部，它的正面照让人很容易联想到练歌房里的金属麦克风。

透过头顶树叶的层层绿障，我看到一只大蚊挂在枝叶间。

粗看上去大蚊就是放大版的蚊子，而且放大了很多倍。经常出现在室内的大蚊总会让人们产生被刺吸的联想而感到莫名的恐惧，于是一定要拍死而后快。其实它们的口器退化，不会对人类造成任何伤害。甚至因为它们没有任何防御能力，通常成为其他昆虫的猎物，它们不得不假扮黄蜂来保护自己。

而这一只挂在枝条和叶柄之间。它把前面的四足搭好，忽然想要表达些什么，于是后足踏在下面的树枝上，并且摆了一个最炫酷的马步，感觉自己很像黄飞鸿呢。

正在它得意洋洋的时候，忽然一阵大风吹过，枝叶颤动，几乎要把大蚊甩落了。为了维持形象它死命抓住，手忙脚乱，总算没掉下去，可是风停后，它的姿势就很尴尬了。

　　我移动的脚步惊扰到落叶中的一只狼蛛。它急匆匆地逃走，躲避我无意的踩踏。狼蛛是常见的地表生物，它们是追猎蜘蛛而不是结网蜘蛛，故而用狼来命名。其实对于很多蜘蛛和昆虫，我们都是根据它们的习性用自己熟悉的动物来辅助命名，蜘蛛目的命名更是借用了几乎所有食肉哺乳动物的名字。漫步田野，当脚步落下前，总有大大小小的狼蛛跑开去，大大小小的蝗虫跳开去。

　　昆虫都由头、胸、腹三部分组成，而蜘蛛是头胸部和腹部，因此它的身体只有两节。在很多时候我们也能见到三节身体的狼蛛，那其实是一位携有育儿袋的母亲。狼蛛妈妈会把卵块用多层丝垫包裹起来随身携带，给它们无微不至的关怀，直到小狼蛛孵化，还会继续把它们背在身上一段时间。

狼蛛在外形上很难同盗蛛等近亲区分，但是在所有携卵囊出行的蜘蛛母亲中，大家都用嘴叼着，只有狼蛛科用尾部的纺器夹着。这个包袱刚做好的时候是洁白无瑕的，可跟随妈妈跌爬滚打一段时间后就脏兮兮的，看上去像身体的一部分了。

　　今天我的收获已经颇多，剩下的时间我不介意从容地追踪这只狼蛛。这里地势平坦，我只能俯拍。一个敬业的摄影师会毫不犹豫地趴下来获得更亲近的低视点，不管当前依然泥泞的地面。但是我暂时还不打算这么敬业，况且等一下还要站在讲台上。附近有一个被锯过的树桩，虽然只高出地面5厘米，但这将是一个很好的平台。

　　狼蛛回应了我的期待，它爬到了树桩上！我抓住时机，赶紧把相机放到地上。

　　拍了没几张，狼蛛妈妈忽然换了个姿势，将卵袋转到身体下面且腾出第三对步足来抱紧它。我正纳闷它要干什么，十几秒后，第一批雨点落到了我的头上。

# 蚜虫天团的内部斗争

——

图书馆水池边有几棵小榉树。4月初，位于高处的树冠刚刚抽出春天嫩绿的新叶，但在触手可及的位置只有一些小号的芽苞，点缀着光秃秃的枝条。几乎在每一根细枝的分权和转折处，都有一种漂亮的结构物。

它们的底子是红褐色的小圆饼，上面对称发出两排白色的肋。露出来的红色部分就像汉字"丰"，但是有更多的横笔。一周后我去拍照，榉树的新叶已经初具规模，白色的部分压制了红色，没有那么好看了。这些东西如此普遍，我差点就把它们当成了树枝的一部分。但是并排的肋让我联想到体节，这是节肢动物的特征。

它们是蚜虫的小伙伴绒蚧，就是会长出白色绒毛的介壳虫。白色的蜡质部分既是一种伪装，又可以抵挡杀虫剂的渗透。像所有吸食树汁的昆虫一样，它们也会频繁排出体内的液体废物。

4月下旬 "美美地"出现的梨桧锈病，经历一个月的时间发展到了高级阶段。原来的那一点点鹅黄已经扩大，叶片背面增厚，并且生出一根根毛状的孢子器，无数个孢子在里面整装待发，它们将在暑假后去感染冬季寄主桧柏（即圆柏），然后在春天返回再次感染梨树。

如果只是零星发生，我很容易把这些衍生物当成虫瘿。但它们几乎占据了每一片梨树的叶子，数以万计，像正在入侵地球的小小外星人的微型机甲战斗群。我想，梨树一定承受着我们不能体会的巨大痛苦，而

那些铺天盖地的视觉景象也给多数人带来不适。

东侧滨河带的西端对面就是行政楼。这里人员较多,我一般不来采风。不过虽然仅仅相距百十米,它和东端的虫子也略有不同。在5月,其他地方没有新鲜虫子的时候,我开始打这里的主意。

在小榉树的细枝略弯处有一枚空的刺蛾茧,几只绒蚧误把这儿当成了枝条分杈,争先恐后地抱在一起。

这附近有几棵大小不一的紫薇,叶片背面爬满了蚜虫。这种紫薇长斑蚜的成虫腹部很短,头胸部和翅膀外缘黑色,像一把迷你的电工钳。当它们聚集在一起,我首先想到的是瓜子壳儿。

若虫的身体是半透明的,当仰望头顶的叶子,在逆光下只能看到黑色的成虫,好像有些空荡。但是闪光灯补光以后,大大小小的若虫纷纷现身——这里其实热闹得很。

因为蚜虫娇嫩多汁，几乎没有什么防御能力，再加上繁殖速度快，看起来是取之不尽的宝藏。诸多昆虫界的淘金者随之演化出幼虫期专门以蚜虫为食的科级单元类群。最著名的有脉翅目的草蛉科、鞘翅目的瓢虫科和双翅目的食蚜蝇科。它们共同构成了蚜虫及其近亲的天敌集团（我将其简称"天团"）。

手无寸铁的蚜虫靠贡献自己的蜜露获得蚂蚁的强力保护，但是蚂蚁照顾不到所有的蚜虫群落，有些蚜虫在树木上发展太快，势必招致蚜虫天团的合力围剿。

当食物资源丰富的时候，集团内部的猎手们基本相安无事。但是当食物逐渐匮乏，在生存压力下内部矛盾就不可避免地产生了。人类历史告诉我们，胜利者阵营最容易出现分化。杀手们撕毁同盟协议，开始屠杀一切比自己小的移动物体。在三大目的斗争中，食蚜蝇幼虫完全落败——宝宝只是条蛆啊——只有被吃的份儿；草蛉幼虫（蚜狮）凭借一副捕吸式口器在单挑时可以同瓢虫幼虫战个平手；但因为后者的数量要远多于前者，所以瓢虫们毫无疑问占据上风。

由于鞘翅目的巨大多样性，瓢虫集团又由许多小帮派组成。很多不同种类的瓢虫共同生活在一起，它们之间会相互捕食，目标是干掉比自己小的异种个体。后来瓢虫们各自发展出了不同种类的味道很差的化合物，用以防御对方的捕食，单挑的结果取决于谁的个头更大以及口感更差。其中异色瓢虫的生物碱最难吃，它们因此在种间斗争中脱颖而出。在异色瓢虫同七星瓢虫的对决中，不是那么难吃的后者完全没有还手之力；但七星瓢虫可以去欺负更不难吃的二星瓢虫。

这些化学物质可以被跨物种识别。当蚜茧蜂探测到了异色瓢虫的分泌物，它就不会寄生这里的蚜虫群落，因为它们的小宝宝很可能还没有成年就和蚜虫一起进了瓢虫的肚子。

　　由于异色瓢虫的强悍，它在很多地方成为入侵物种，排挤当地瓢虫。而且，它们也是种内斗争最残酷的种类。没有蚜虫，也没有其他天团成员的时候，它们会捕食自己的同胞。

　　我驻足的一小片范围内随处可见食蚜蝇和草蛉的行踪，但占据绝对优势的是两种瓢虫：无处不在的异色瓢虫（见57页图）和具有小清新风格的四斑裸瓢虫（上图）。后者较少见地用胸背板上的白斑数目来定名，而多数瓢虫使用鞘翅上的星斑数目。

　　在我光顾之前，这里应该有一拨紫薇长斑蚜的大暴发，接下来发生天敌跟随现象，蚜虫天团接踵而至。这里也有其他种类的瓢虫，但是数量很少。异色瓢虫和四斑裸瓢虫在此产生激烈的种间竞争，这两种瓢虫从卵、各龄幼虫，到预蛹、蛹和成虫，全部虫态都可以找到。为了压倒对手争夺资源，它们疯狂扩军，到处产卵。在高大的树干上，两种瓢虫的卵块阵地犬牙交错。橘黄色的属于前者，淡黄色的属于后者。

异色瓢虫的幼虫是黑色为底，背上有一些橙色的肉棘；而四斑裸瓢虫则是灰色系，在树干上更容易隐身。后者的末龄幼虫把身体后部固定成为预蛹，然后不断缩放腹部，就像在喘粗气一样，最终幼虫蜕掉这层皮，成为一个白底黑线条的蛹。大多数瓢虫的蛹和预蛹都有一个本领：用忽然"站起""蹲下"的动作来吓唬敌人。如果你把书倒过来，最右边这个蛹很像一位戴着头巾和面纱的阿拉伯王子。

大树上到处是赶路的幼虫，但是旁边一棵小树上，精彩的一幕终于上演。这棵紫薇的主干只有一米多一点，因此食物资源并不丰富。上面的蚜虫群落估计已经被扫荡干净，异色瓢虫们正处于战国末期。低龄幼虫可能全都成为炮灰了，留存下来的是几只身躯庞大的末龄幼虫，每一只的嘴角都沾满同胞的鲜血。它们拼命地进食，目的只有一个：尽早化蛹，然后羽化为可以飞的成虫，逃离这个地狱。

但是，羽化前它们将经历最具矛盾的先蛹困境，其规则可以总结为："先蛹者死"。

末龄幼虫必须经历不能反抗的预蛹阶段，它们在前一阶段拼命努力换来的发育领先优势此刻变成了巨大的、绝对的劣势。如果预蛹的位置选择不够隐蔽，以致被某个没有自己成熟且饥肠辘辘的同伴发现，那么后果相当严重。

有一只幼虫大概太渴望那个遥不可及的羽化，居然就在紫薇叶片的正面预蛹了！无可逃避地，它暴露了。

我等这个场景好多年了。

两只末龄幼虫，一大一小，正在贪婪地进食。左边那只应该是刚进入末龄，头部和背甲同右边的一样大，如果有充足的食物，它会继续生长，把节间膜撑开，变成右边那只大腹便便的模样。那个可怜的预蛹保持站姿，可能它想通过一个突然站立来摆脱对方，但这是徒劳的。现在的它只能就那么站着，因为让它可以再蹲下的肌肉已经被吃掉了。

确切地说，预蛹的绝大多数肌肉组织已经被啃光了，不过体液洒了"一地"，两只幼虫一边舔舐，一边往前拱。

很快它们相互接触了一下。在短短的一瞬间双方的实力马上明了，左边的小个子退缩了。这顿大餐即将结束，它可不想成为对方的第二餐。它退到隔壁的叶片，转了几圈后，依然心有不甘，饥饿把这些幼虫变成了疯子。于是它就守在附近，虎视眈眈，等待大个头幼虫饱餐离开后来捡些残羹剩饭。

这个场景让我想起来非洲草原上觊觎狮子进食的土狼。

我不从任何角度进行任何评价，动物界个体生存是首要原则。其实这件事情很简单：

"宝宝只是个吃货，宝宝很饿！"

# 爱心与牙齿

——

学校西边的17号楼附近也有一块不小的绿化带。因为我下午的设计课在这里的六层，它的西侧绿化带便是最保险的阵地，如果有必要，我可以一直观察到上课前5分钟。于是我把这里作为采风的第二基地。几位昆虫课的学生受我影响，也开始关注校园中的虫子。

小径路口是几棵鸡爪槭。从四月下旬开始的一个多月里，它们挥舞着停满枝头的粉红色翅果，欢迎我的每一次采风。而同一时间，铺天盖地的杨絮随风流浪，聚在每个角落窃窃私语。有一支小分队受到进入小径20米处梅树上蚜虫蜜露的诱惑，想要品尝这份美味。满树的蚜虫们持续排出蜜露，液滴和丝绒混在一起，形成真假难辨的棉花糖。

进入小径30米，我的观察员们在海桐上找到了一只灰突突的蝽。不过在我眼里，虫子无论美丑，统统分为三类：我亲眼见过的；我见过照片的；我从来没见过的。当然是第三种更吸引人了！何况这只细角瓜蝽放大以后也是经得起推敲的。它有一对带刺的垫肩和齿轮状的腹部。

进入小径50米，东侧有一个水池，这一段路的两侧种了些紫薇的幼树，主干不超过一人高。一只半大的园蛛在其中一棵

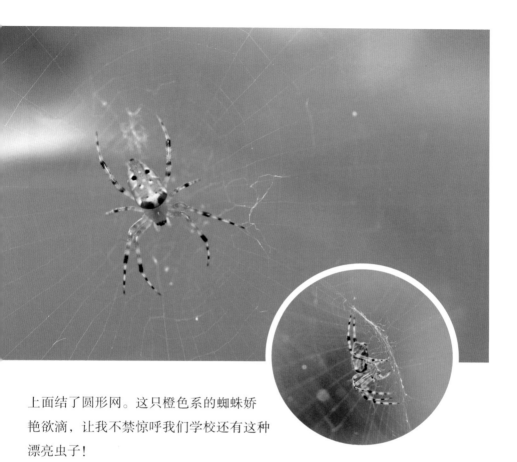

上面结了圆形网。这只橙色系的蜘蛛娇
艳欲滴，让我不禁惊呼我们学校还有这种
漂亮虫子！

　　它是园蛛科的目金蛛，它和它的近亲们长大后腹部会有一些很明显
的眼状花纹。现在它还是幼蛛，肚子上仿佛有一位浓眉大叔正翻白眼呢。

　　一场大雨即将来临，狂风乱作，蛛网随着枝条摇曳。我注意到这张
网比普通的圆形网要复杂。蜘蛛在自己的主网后面距离约10厘米处结了
一张非常粗糙的平行副网，然后用了很多纵向的丝线拉结两张网的中心
区域，一直拉到主网成为一个钝角圆锥面。现在它是一张具有三维结构
的网，相比普通的二维网，稳定性得到了极大的增强。

　　再往前10米，是两棵柚子树搭建的舞台，它们的叶片受到潜叶昆虫
的严重伤害，正在上演一场著名剧目：《悲惨世界》。（见302页。）

　　我想拍摄柚子树的全景，就退到了路对面的墙根下。这里有棵树看着眼熟，好像桑树的样子。我知道桑叶受伤后会流出乳白色液体，打算掰一片来验证一下。动手前，叶丛后面露出了两根长长的触角。啊哈，天牛！

　　我缓缓后退，然后绕远路到虫子的背面，蹲下去，看到了熟悉的桑黄星天牛，那么这一棵是桑树无疑了。它身上的黄星除了位置和相对大小比较固定以外，其他特征都是有很多变化的。我很幸运，这一只的中部大斑是一枚非常完美的心形。

　　在正午阳光所造成的强烈的侧逆光照射下，可以看到天牛鞘翅上的黄斑具有一定的厚度且高于鞘翅表面。就好像一位悯惜黑色天牛暗淡无光的艺术家特意粘上去的一些黄色贴纸。我有一种把它们都抠下来的冲动。

　　休息了片刻，天牛开始进食。它张开六条腿扒住叶片周边，用锋利的上颚啃食桑叶的中脉。为什么放着鲜嫩的叶肉不吃却要啃叶脉呢？我想是因为它的口器就像一把老虎钳，但无法在平面上弄出豁口，而一侧

上颚用叶脉借力，另一侧就可以像开罐器那样揳进叶片了。那为什么它不像蚕宝宝一样从叶子的边缘开始吃呢？作为大型昆虫，桑叶的柔软边缘肯定无法支撑它的体重。

　　其实当我发现它的时候，除了惹眼的触角，那片桑叶的中脉已经豁了一半，甚至可以看到它嘴巴的动作。除了中脉，其他较粗的侧脉它也会取食。

　　天牛贡献给我一张满意的生态照。我们平时看到的唯美的昆虫摄影作品多是特写，除了外貌我们一无所知；而生态照要求把物种和环境都交代清楚，并包含尽可能多的信息。因为环境通常杂乱，多数生态照无暇顾及美感。

　　一张照片可以讲述一个故事。上面这张照片提供的信息有：作为寄主植物的桑树；天牛进食的姿势和方向（掐断基部中脉后，桑树分泌的防御性物质就无法运抵端部）；右边的为害状；本种的一些鉴别特征；雄性天牛2.5倍于体长的触角（雌性是1.8倍）。

进入小径80米，便是我此地采风的极限纵深。前面的一段路让我总能找到足够多的虫子来观察。而这里树木渐密，光线暗淡，并不适合拍摄。但我远远看到桂花树枝头有一小坨脏东西，它在移动！我心里有种预感：第三种虫子要来了。我从最远的距离开始拍摄，一点点靠近，生怕吓跑即将到手的宝贝。

　　这是蝽科的峰疣蝽，顾名思义，它身上长满了疣子，背上有个"驼峰"。而在我看来更像背着一颗臼齿。它还有个兄弟叫双峰疣蝽，则是背着两颗下门牙。疣蝽属的前足胫节都呈叶状膨大，它们拟态排泄物里未被充分消化的东西。

　　拟态系的虫子都很自信，可能是刚才趴久了有点腿麻，它起身在叶子上慢悠悠地活动筋骨。觉得舒服了些许的时候，就又要回去摆出无聊的拟态姿势了。它把中后足收起，腹部贴紧叶片，前足伸出来摊在叶片上。当它做完这个匍匐的动作以后，就是一小坨粪便了。

　　我实在忍不住，伸手捏了一下它背上的臼齿。跟我想的一样，硬硬的。拟态系的虫子还都有好脾气，对我的这一无礼举动它毫不介意。

# 追逐一抹黄叶

暑假即将来临，在学校拍虫的机会渐少。今天去批作业时看到一只黄色尺蛾停在开敞楼梯间的踏步角落里，它黄油般浓厚的颜色令我印象深刻。

工作完成后我还有一小时的空余，直奔滨河带东南角。

石楠高处有一张空网，一只翠绿的蜉蝣被蛛丝束缚，孤独悬挂。这是古人称之为朝生暮死的昆虫，确实雄性成虫的寿命只有几个小时到几天，雌虫因为肩负产卵重任，活得要久一点。但是蜉蝣的稚虫要在水里生活两年左右，整个生命期并不短。作为著名的水质监测昆虫，它出现在不算清澈的护校河边真是令我诧异。

在遥远的石炭纪，蜉蝣目是第一批飞向天空的昆虫之一。三亿年的时光并没有让它们改变许多。它们的后翅很小，飞行能力很弱，长长的尾须用来在空中保持平衡。

蜉蝣就这样悠哉悠哉地飞舞了一亿多年，直到蜘蛛目不再甘心用丝仅仅编织地面陷阱，它们的演化分支在空中结网以拦截飞行昆虫。

蜉蝣是如此柔弱，它的尾须只要沾到一根蛛丝，整个身体就被完全牵制，挣脱不得。我眼前这只昆虫把翅膀高高举起，即使在阴天也折射出七彩光芒，它们原始的翅无法像更高级的昆虫那样折叠收拢。蜉蝣的前足徒劳地拽动蛛丝，并向我投来哀伤的目光。我注视着这双自三亿两

千万年前就演化完备的精致复眼，安慰它：各安天命。

东南角因为位置偏僻，道路较为泥泞，园丁修剪的枝叶和杂草也多堆叠于此。我站在一堆木屑前，看一只玉带蜻就在前面一米的地方上下翻飞。它们是杭州常见的蜻蜓，浑身黑色，雄性的腹部中段为白色，好像系了一条玉带，因而得名。我起初以为它在进行领地的宣示飞行，但它只在几平米大的地方做垂直的车轮状飞行而不是水平巡飞；而且这里是草地不是水域，不需要宣示；更不对劲的，它腰部的带子是黄色的——这是一只雌性玉带蜻，它没有领地。

片刻之后，我的眼睛适应了昏暗的背景，分辨出原来这儿有个数百只双翅目小虫组成的交配云。作为微小的昆虫，想要引起异性的注意实在太难，于是大量雄性聚集到一起形成壮观的景象，希望雌性看到并过来挑选如意郎君。玉带蜻也发现了这送到嘴边的零食，只是这些小虫仅够塞牙缝，它需要不断地劫掠，在云中频繁进出。嗑瓜子并不能填饱肚皮，但是可以消磨时光。

虽然蜻蜓的飞行速度极快，但此刻它的活动范围小，有规律可循，这是拍摄悬飞的绝好机会。当我离成功越来越近的时候，感觉一阵恶风不善，赶紧低头，但见裤子上已经趴了五只伊蚊，正在忙着探测。权衡利弊，还是走为上策。

到了干燥的路面，我一眼就看到楼梯间那只黄色尺蛾的同类，它在寻找地面附近的落脚点。这黄色实在好看，我马上有一种强烈的欲望，一定要把它收入相机。但它选了几次都是落在贴近地面的叶背，我不可能有那么低的视点。终于，尺蛾停在一根下垂的梨树枝条上，高约至膝盖，我可以绕到后面蹲拍。但这一小段路有点湿滑，前后两面的景象差别太大，所以等我低头小心绕过去后已经忘记是哪片叶子；再回来找那根枝条的时候才意识到，它刚才就已经飞走了！

这下可难了。这只尺蛾的黄色是绝佳的保护色，周围不同的树种，都会夹杂几片黄叶，地上更是零星散布。难道我要从几千片叶子中找出心之所系的那一抹黄色吗？这个挑战几乎不可能。我尝试了几分钟，然后放弃。

接下来我开始漫无目的地搜索，一边惦记着那只尺蛾。它飞去哪里了？什么样的背景和角度最有利于表现它的姿态？它会不会有意识地选择有斑驳黄叶的植物停歇？我看到堤边有一棵符合这个条件的小树，就过去查验。所有的黄叶都筛选过了，真的只是树叶……

在多年的采风经历中，几乎每次都有很棒的收获。戏剧性的场景一再上演，让我自然而然联想到，冥冥之中有一种力量在帮助我。这时已经进入离开倒计时，我先不计后果地向更远处走，心中开始呼唤那个力量：

"我的时间不多了，你何时指给我看？"

到处是背着垃圾跑来跑去的蚜狮，蚁蛛在看护它的巨大卵袋，肖蛸的孩子们已经出生并准备去探险，一只举腹蚁在剩下来的乱丝中扒拉着空卵壳。时间只剩下5分钟，我开始快步返程。在小路尽头，距离停车位

不到10米的地方，在樱树深处有一抹浓黄努力拨开重重枝叶，跳到我的视网膜上。

它在那儿耐心等待，尽管被风吹得翅膀胡乱开拢，也不曾挪移半步。

尺蛾黄色的主体配合褐色的边缘以拟态枯叶。为了增强效果，它的前翅根部有两个透明的区域，以表示枯萎前曾被虫子咬了两个洞，比如它所停歇的叶片上的那两个。

我心中的神再一次回应了我，而且如此积极。他把尺蛾放在我归去的必经之路上，而且放在最能体现透明窗洞拟态来源的万里挑一的那片叶子上。他已经选好了背景和构图，只等我的眼睛来发现。虽然外面有层层阻隔，但他对我充满信心。

这只尺蛾的黄色是如此饱满、热烈，对比之下周围的世界都变得灰暗。我被它强烈地吸引，不能自已。我热切地拍摄，用相机和脸撞开遮挡的枝叶，毫不在乎上面会有什么。即使这只蛾飞上了梵高的画布，我也将关注鳞片，胜过笔触和颜料。

# 刺蛾宝宝特攻队

——

　　6月的最后一天，给杨蛙蛙最后一个机会，看看她是否真正适合跟我外拍。作为一个喜欢各种昆虫，并有一定知识储备的小女孩，她居然不敢接触自然中真正的生命。很快，15分钟后杨蛙蛙用实际行动粉碎了我的期待。其实我小时候比她还要怕虫子，基因如此，无话可说。就让她继续做理论型爱好者吧。

　　在构树的高处叶片上有一个小小的黑色身影，目测体长不超过8毫米。逆光下只看到一个剪影，但是不论它有多小，两根长长的摆向身后的触角明白无误地告诉我这是一只天牛。

　　一般说来天牛科拥有肾形复眼和大于或等于体长的触角，特征明显。它们种类繁多，也并不都是高大威猛。补光后迷你天牛鞘翅上的花纹显露出来，身体是简单的深褐色，后腹部为黑色，二者被一条中部断开的白色条纹分开。

　　我原本以为白色条纹是为了从视觉上收出一个"腰部"，但我后来屡次在杭州植物园的紫薇树干上观察到配色相似的西伯利亚臭蚁和它的模仿者们。这种臭蚁的腹部有两对黄斑，第一对很小，在某些个体身上还会消失，比较明显的是第二对。在同一棵树上出没的齿蚁形甲，很好地模拟了臭蚁的样子，但是把黄斑压扁了一些。而另一种模仿者蚁蛛，则把黄斑进一步简化为腹部的两道白线，和构树上的这只小沟胫天牛鞘翅的处理手法如出一辙。这只天牛也加入了拟蚁大军。

本日最高气温34℃，在杨蛙蛙敲得越来越响的退堂鼓声中，我们沿人行道返回。一只花纹美丽的蛾子出现在头顶的樱叶上。

像白绢上的金丝刺绣，这只胡桃豹夜蛾在翅膀上展示了一幅近乎完美的猫科动物头部的正面线稿，国画半工半写风格，眉、眼、鼻、口、颊一应俱全，独缺瞳孔。我甚至能想象这只蛾的轮廓只是一个三角形的窗洞，当我移动它，对面那只动物会露出身体的其他部分。

这是大自然为我们准备好的一幅半成品画作，我用想象力给它涂上各种瞳孔，享受"点睛之笔"带来的成就感。

中午，把杨蛙蛙塞进图书馆，我顶着烈日去了整个滨河带的最东端，尽头是网球场的铁丝栅栏。在小门附近的石楠上，某片叶子后面露出来几根黄色的粗刺。一群褐刺蛾宝宝在进食。

　　它们排列成一条线，在叶片边缘齐头并进。身体都藏在叶子后面，从外面只能看到背部的几根棘，像游戏里的宠物三角龙宝宝。它们一起组成战争片中的常见场景：伏击小队在山头阵地屏息凝视。

　　石楠的叶子铺展成一个巨大的椭球体，不翻转叶片没法看到刺蛾幼虫藏在后面的真正身体。不过这棵石楠有一个断枝形成的缺口，我小心翼翼地进入到它宽敞的内部。从里往外看去，这个伏击小队暴露无遗。

　　这里的刺蛾有暴发的趋势，因为我在很多片叶子上都发现了规模或大或小的特攻队。它们行动统一，连排便都差不多同步。还有一群聚拢成一个圆饼，集体蜕皮。上面这一群看起来像是主力部队了。虫头攒动，让我联想到交响乐团中小提琴区那律动的琴弓，耳边不由响起激昂的音乐。

随着身体不断长大，它们的伏击圈没法容纳原来那么多的幼虫数量，因此不断有个体撤出，单独行动。

　　刺蛾科的幼虫有剧毒，比马蜂还要高出数倍，很多人小时候都有被马蜂蜇伤的痛苦经历。它们凭借一身毒刺和鲜艳的警戒色，从容进食。该科幼虫还有个特点是没有腿，靠类似蜗牛的腹部肌肉蠕动前进。这层连续的肌肉组织包裹了头壳上部，像一个夹克风帽。

　　多数刺蛾的头套是单一色彩，而褐刺蛾的头套上有两个黑色的眼斑，像一对呆萌的眼睛，而且常常略不对称，这令它们拥有了丰富的"面部"表情。真正的头壳藏在下面，进食的时候被拉下来的风帽遮住。风帽的两侧鼓鼓的，使得幼虫看起来像一只明明颊囊塞满，却又故作委屈的仓鼠。

# 螓蠃的瓦罐

——

暑假里杨蛙蛙被妈妈安排去嘉绿苑小学练习羽毛球，时间是下午1点到3点。接送任务当然由父亲大人来完成。

这宝贵的两小时如果安排得当还是可以走一波采风的。经过考察，比较合适的集中绿地就是小学东向400米处的嘉绿苑公园。虫子虽不多，但是附近蝉蜕密度极大，甚至居民扔到路边的破沙发上都有七八只。因此头顶传来我这辈子听过最震耳欲聋的蝉鸣也就不足为奇了。路上随处可见孤零零的蝉翼，这是螳螂不喜欢吃的部分。

公园进门左转，长椅的边缘挂了一片枯叶，上面还有一枚空的卵壳。长椅本身是常见的木格栅，但两侧的立墩表面做了水刷石处理。

也许几个月前，某只蜘蛛经过这个凹凸不平的地方，同其他所有蜘蛛一样，它一边走一边在身后留下安全丝以备不测。可能它还曾经犹豫徘徊过，因为这里有好几根丝；与此同时，附近某棵树的高处叶子上，一粒卵悄悄孵化。新生幼虫一定具有咀嚼式口器，它切开卵壳后并没有食用，而是爬到边上啃咬周围的叶肉。它的上颚还很稚嫩，以至于最细微的

叶脉也咬不动。幼虫在叶片上咬出几扇镂空的窗格，然后去别的叶子上继续进食长大。这片受伤的叶子干枯卷曲，某一天终于被微风说服，缓缓飘向大地。但是在最后一刻，那几根纤细的蛛丝挽留了它。它们在这里相伴，化为一缕不起眼的褐色，直到将来被清洁工发现。

转入小路，石楠枝梢的叶子上有一枚看上去一样的椭球形卵，透过卵壳隐约可见已经初步成形的幼虫，一只小蚂蚁显然对这枚卵很感兴趣，但它的上颚太小，对卵壳无法造成实质性破坏，于是它招呼附近一个路过的伙伴来帮忙。两只蚂蚁忙活了一阵，只是留下一些刮痕，于是它们又喊来了两只。四只蚂蚁在各个角度尝试，却不知道集中攻击一个点。5分钟过去了，我觉得它们不可能成功，便继续往前走。

公园中心是一个池塘，接近小桥的另一棵石楠上，一只蚁蛛从叶子上垂下来挂在空中。它们平时在叶子上扮蚂蚁，一遇到危险就跳下去，但会有一根安全丝挂在身上，等危险过后再爬回去。这也是判断蚂蚁和蚁蛛的简便方法，稍微一吓唬，蚂蚁无动于衷，蚁蛛马上去玩蹦极。

这只蚁蛛挂了许久，丝毫没有想要爬回去的意思，它似乎很享受吊在空中晒太阳的感觉。

我打算过桥时，一个黑色身影从左边飞出来，落到石楠树冠里垂下的一根细枯枝的末端。它有着极细的腰和膨大的腹部，这是典型的胡蜂总科特征。它停留的枯枝并没有什么特色，但是看得出来它在上面专注地忙碌，完全不顾我的靠近。

我看到枝条上一点点突起的泥巴，还有它腹部的黄色环，辨认出这是一只正在筑巢的蜾蠃。

基于《昆虫记》的描述，以及虫友soul十几年前发表的弓背蜾蠃整个建巢过程极其精彩的观察记录，我对这只蜾蠃正在和将要做的事情了然于胸。

它在建设未来宝宝的巢室，最终会做成一个瓦罐的形象。我正站在三个重要地点中的筑巢点面前，另外还有取水点和取土点。它从取水点吸水，然后吐到取土点和泥巴搓丸子，再把泥丸抱到筑巢点，加工成泥条垒成罐子。如果河岸有合适的淤泥，那么后两个地点便合二为一。

一种观点认为，人类在新石器时代晚期制作陶器时采用的泥条盘筑法，很可能就是对蜾蠃巢室建造工艺的仿生。及至现代，为小朋友开设的陶艺教室里，这也是最常用的入门造型法。

14:08         14:13         14:18         14:22         14:25

  蜾蠃的三个地点不会离得太远，因此我可以观察到一小段过程。等它走后我立刻查看那根枝条，真走运，它刚刚砌筑了第2个泥丸。我初步估计它将在20分钟内回来，没想到它5分钟就回来了，衔着第3个泥丸。

  我把第2到第6个泥丸的施工过程整合到一张图里。砌筑1个泥丸大约需要1分钟，刚刚垒上去的泥条水分很多，会有反光，由此便可以看出来施工顺序，大约呈顺时针方向旋转。根据照片记录的时间，它返程的速度越来越快，最后一个来回仅用了3分钟。

  但是我发现蜾蠃选择的筑巢点存在很大隐患，那根枝条并不是石楠的一部分，而是一段一米多长带有分权的干枯柳条。它从石楠上方高大的柳树上掉下来，搭在石楠最下层的枝丫上。一阵大风就可以帮它完成最后一步：落到地面。

  我曾经想跟踪蜾蠃找到取土地点，但是在正午阳光下，到处都是植被的高反差碎片影像，一个快速移动的黑色小点在半米内就从视野消失

了。我们人类的眼睛没有
演化出这种跟踪能力。

蜾蠃的第7个泥丸用了
相对较长的8分钟，我甚至担
心它出意外了。果然它回来
以后开始进行不一样的工作：
塑造罐身。

前面的6个泥丸构成了瓦罐
的底部，它的背面很粗糙，但正
面被蜾蠃用上颚和触角细心抹平。
柳条的左右各用了3个泥丸，但彼
此分开，第7个泥丸终于把两部分
连接起来了。右图已经是第10个
泥丸，初步有容器的样子了。

杨蛙蛙快下课了，我只得
离开。边上的蚁蛛还在悬挂，不
过这次是头朝下了。令人惊异的
是它的旁边多了个伙伴，相距几厘
米处一只艾蛛也拽着根丝陪它倒挂！这
两个笨蛋在比谁头朝下坚持的时间更长吗？
八条腿的世界真是难以理解啊。

被喊来对付那枚卵的三只蚂蚁都已经气
馁并抛弃了它们的伙伴，去做它们认为更有意
义的事情了。只有最初的那只，依然执着地围
着卵打转想办法。

临走前，我掏出随身携带的给杨蛙蛙扎头发用的橡皮筋，把干柳枝固定在石楠上面。

第三天，我回到嘉绿苑公园，远远看到柳枝仍在，然后是其下方的一个土疙瘩，悬着的心终于放下来——瓦罐做好了。

蜾蠃制作一个瓦罐只要几个小时，它一定是在我走后不久完成的。现在这个构筑物就是一个早期人类制作的容器形象，但关于罐口的翻边则是我一直津津乐道的话题。我总是认为那个翻边的处理手法是出于美学要求而非功能要求所特意制作的。

其实这个瓦罐是我见过的所有同款中比较粗糙的，泥土中混杂了大量的沙石，可能是因为附近没有更加细腻的建材。尽管如此，蜾蠃依然把罐口处理得十分平滑。

现在蜾蠃的任务是去找青虫来填满这个罐子，翻边一个可能的作用就是类似漏斗口，往里面塞虫子容易一些。准备食材的过程比较费事，我不可能在这里死守，于是我折了一小段极细的枯枝搭在瓦罐上，如果蜾蠃回来过，它可能会踢掉这个多余的东西。可惜直到我离开公园，这个标记一直在。

两只灰松鼠追逐嬉戏，从我头顶快速掠过。它们灵活的身体在不同的树种之间跳跃滑翔，在树冠彼此相连的公园里，它们在三维空间无所不能。从这种意义上讲，它们已经拥有了飞行的能力。

返回时我经过公园的西北角，那里有一段圆弧形的三开间紫藤花架。茂密的枝叶把顶部遮盖得严严实实，众多的新生须茎或在棚顶昂首，或垂挂下来悠荡。在探得最远的一根茎的卷曲末端，我看到一只红色的大蚜虫正在和一小团垃圾“搏斗”。

藏身于垃圾下面的是无所不在的蚜狮，它是草蛉的幼虫，是让蚜虫瑟瑟发抖的狮子。此时它的口器已经控制了蚜虫，后者其实连挣扎都算不上。因为蚜狮间或晃动头部，蚜虫的身体随之摇摆，看上去就好像它居然敢还手了一样。蚜狮有着昆虫界最多的绰号，它因为背部隆起被称为驼背虫，因为喜欢收集垃圾被称为垃圾虫，在中国古代，它被称作蝜蝂，柳宗元还曾特意写短文来挖苦它。

对于背上的收藏这件事，每只蚜狮就像人类穿衣服买家具一样，有自己的品位。这一只对于干枯的植物碎片这种普通垃圾不屑一顾，除了自己的蜕，它的背上全是蚜虫的干尸。

蚜狮的背上有两排瘤突，每个瘤突上面有一束长长的刚毛，因此它那些宝贝其实可以放得很牢靠。它还有一对像镰刀一样的弯曲口器，是由同侧的上颚和下颚合并而成，可以刺入蚜虫体内并紧紧钳住，从尖端注入消化液，溶解蚜虫的身体组织后吸食。这种集猎捕和进食于一体的口器叫作捕吸式口器，又叫双刺吸式口器（食虫虻与之类似但只有一

根）。这是脉翅目的独门绝技。

当蚜虫被吸得只剩空壳，蚜狮把它在茎上刮抹，扔掉这个"包装盒"。它也能够灵活地后弯腰，把这件藏品放到自己的背上。

旁边一根茎的叶子后面露出了半根丝状触角，美丽的草蛉成虫现身了。它正在叶片后面躲避烈日，隔壁叶子上有一枚它们家族特有的带丝柄的卵。

草蛉是经常出现在晚自习教室的昆虫之一。它们一般停在墙壁和玻璃上，不太会干扰用功的学生。这是小时候极端怕虫的我敢碰的为数不多的虫子之一，因为只要从后面捏住它的翅膀，它的六条小短腿就完全不能奈何我。而且我还可以把它放回去，自己全身而退！

草蛉身材纤细，翅膀晶莹剔透，还有一对金色的圆眼睛。如果选举花间精灵的代表，非它莫属。看到草蛉在空中轻舞飞扬，一般人怎么也

不会想到它曾有一个丑陋的童年。

第四天。瓦罐上部出现另外一个入口，注定这是一个悲伤的结局。这可能是另一种寄生蜂挖掘的，类似于盗墓者所做的盗洞。两个入口都非常小，里面完全黑暗。但我拍的照片显示，光线从上方的洞进入瓦罐内部，盗洞已经挖穿。

正常情况下，这个后来的寄生者产下的卵会抢先孵化，先吃掉蜾蠃妈妈辛苦保存的青虫，然后吃掉蜾蠃幼虫。不过很明显它来早了，这里还没有完工，什么都没有呢。你或许奇怪它为什么放着前门不走，非要辛苦自己打洞呢？这就是昆虫程式化行为的例子：一切都要按照剧本来，小偷一定不能走正门。

最大的可能是：蜾蠃妈妈在收集青虫的过程中就遇害了。

　　那枚曾经被四只蚂蚁久攻不下的卵在第二天就不见了，我对比了以前照片上的灰尘标记，找到原来那片叶子，没有任何痕迹留下，卵是整个儿同叶片脱离的。我开始以为是蚂蚁发现无法破坏卵壳，索性叫来大工蚁，把卵搬回窝里等它孵化，这样百分之百可以吃到，这真是太聪明了！

　　但是这种举腹蚁属的蚂蚁是单型工蚁，就是说所有的工蚁都一样大。它们那小小的上颚完全不可能搬运这枚"巨卵"。我更倾向于相信，当那只执着的工蚁在下面乱撬的时候，这枚圆圆的卵"骨碌"一下从叶片上滚下去了。

　　如果它够幸运，能在被路人踩扁之前滚到草丛里，现在已经是大吃特吃的幼虫了吧。

# 插秧和翅绘

开学初，我来到第二基地的时候九点刚过，这里还笼罩在17号楼的巨大阴影里。距路边不远的地方有一棵奇怪的加杨，它可能经历过倒伏，然后重新站立起来，看上去分枝都是从地面发出的。这棵坚强的树已经饱受虫害，叶片灰绿没有光彩，褐斑和咬痕遍布其上。

叶片上常见的弯曲食痕是叶蜂幼虫的杰作。叶蜂是膜翅目的昆虫，幼虫吃叶子，长得很像鳞翅目的青虫。但是它们不像鳞翅目幼虫那样以扫荡的方式吃掉整片叶子，而是吃出一条弯曲的路线，吃掉的部分和留下的部分像迷宫一样交错。

　　我把叶片翻过来，看到了极小的幼虫。它的尾部慢慢地上下摇动，拖出来一些白色的絮状物（丝桩）。这些遍布整个食痕路径的丝桩是叶蜂科下面某个类群的独有特征，其他种类的叶蜂幼虫只咬出来光秃秃的普通小路。

　　它所在的位置很低，我小心翼翼地调整三脚架的角度，让镜头对准叶片另一面的幼虫。随着太阳高度角的提升，教学楼的阴影不断后退。当我切换到屏幕取景时，恰逢第一道强光越过17号楼的女儿墙，直射在我要拍摄的那片加杨叶子上。

　　原本灰暗的场景一瞬间变得明媚。幼虫的身体晶莹剔透，而它造的那些丝桩宛如游龙的背鳍。叶蜂幼虫拥有一对巨大的带黑色眼影的侧单眼，大到肉眼可见。如果它们的头壳是黄色的，我们将看到一只非常卡通的小黄鸭。

进一步放大发现，食痕上的丝桩其实是由幼虫尾部分泌出来的泡沫组成。就像一个洗泡泡浴的小孩子，一定要把那些好玩的泡沫沾在所有能够得到的地方。另外一种制造泡沫的著名昆虫是沫蝉若虫，它们藏在自己的泡沫巢里躲避天敌，那么叶蜂幼虫的泡沫桩有何用处呢？

　　对于昆虫分类学者来说，丝桩的主要作用是提供直观的属别危害特征，用于初步鉴定。因此它并没有被深入研究，仅被推测为有领域标定和自我保护的作用。基于自己的观察和知识范畴，我提出另外两点推测。

　　首先是伪装。叶蜂幼虫的胸足很有力，但是腹足就很弱（这一点和鳞翅目幼虫刚好相反），它们经常把身体的后半部分举起来。包裹了丝桩的剩余叶肉跟幼虫形态非常相似。我这么说是因为第一张照片我看到第二遍才发现左上角的幼虫，看到第四遍发现右下角还有一只。那些丝桩在一定程度上模仿了幼虫半透明的胸足和腹足，依靠视觉捕食的天敌不容易第一时间发现幼虫的位置。虽然理论上幼虫肯定就在这片叶子上，但捕食也是讲究效率的，它可没那么多耐心玩找茬游戏。

　　其次，某些植物组织，在受到损伤的时候会挥发特殊的化学物质。这个特点在早期可能被毛虫的天敌寄生蜂"无意"中发现，即它们朝着挥发源飞近就可以找到寄主毛虫。然后经过漫长的协同进化，某些植物和寄生蜂之间建立起稳固的战略同盟，它们之间的信息沟通强大到：当叶片遭遇毛虫啃噬时，植物通过分析毛虫唾液的成分判断其种类，然后释放特定的挥发性物质，召唤特定种类的寄生蜂前来解围。

　　而一团长久保湿的泡沫无疑是封堵挥发最有效的办法。叶蜂幼虫把叶片上所有的伤口都用泡沫包裹，这相当于捂住了被害者的嘴，让它无法呼救。

　　丝桩的制造和进食是同步完成的，已经成为了习惯性动作，幼虫就像一台小小插秧机，在身后留下一个个丝桩，并且这个过程无法停止，所以它们在转弯的时候会把分泌过剩的泡沫抹在叶子外侧。

在另外一棵紫薇的枝头，我看见实蝇正举着它的翅膀爬来爬去。它注意到我，用头和翅面正对着我。我想拍摄它的背面标准照，便绕到它后面；可是马上就被发现，只有个正脸对着我；再绕回来，依然如故。因为这根枝条下面有一丛红叶石楠，我来回绕得很辛苦却没有一次成功，所以只好放弃。

有时，为了最后的体验，适当的放弃是很重要的铺垫。它让有可能来临的那个时刻的感受更加"高耸入云"。不论是观察昆虫的行为，还是欣赏艺术作品，抑或是品味中国古典园林的空间序列，大抵都是如此。这是汉语中常讲的"欲扬先抑"。

在做出决定以后，我有片刻的放松，从敏锐的昆虫观察者暂时"退化"成迟钝的路人。就在这一瞬间，在我左侧头顶，距离眼睛不到一尺的地方有个黑色的东西一闪而过，这个瞬间的视觉信息像闪电一样击中了我。

相信大多数人看到上页的照片，头脑中会掠过蚂蚁的形象。这其实是实蝇"画"在翅膀上的蚂蚁的上半身。我早就熟知它们的伎俩，但这也造成了很多的无趣，就像观赏已经被剧透的电影一样。感谢另外一只实蝇在我短暂的松懈期不失时机地出现，骗过了我的直觉，让我享受长达半秒的"无知"的快乐。这真是一个惊喜！

蚂蚁在自然界的角色就是没营养也不美味，却数量众多，有仇必报，所以大多数捕食者不会去搭理或者招惹它们。造成的结果就是种类众多的节肢动物纷纷跑来模仿蚂蚁，手段层出不穷。双翅目选择了在翅膀上作画的方式（当然它们画的可不仅仅是蚂蚁），虽然比不过鳞翅目绚丽的彩色显示屏，但对于蚂蚁这种单色系昆虫，一个黑白屏也足够了。

集中的色块部分忠实描绘了蚂蚁的头部和前胸，包括缢缩的颈。注意"假蚂蚁"有一个暗蓝色的部分，可能是在模仿眼睛反射的高光。前面画了一根完整的屈膝状触角和两根只有一半的触角，但角度都在蚂蚁触角的挥动范围内。我想这可能是为了表达一种动态，就像漫画里一个跑动的人身下会有很多腿。

这是我基于个人观察推测的实蝇的"翅上绘画"，大自然在小小的蝇翅上展现了自己的卓越画功。

实蝇从眼睛到身体都是低调的棕色，腹末变成乌黑发亮的蚂蚁肚子来增强模拟效果。然而鸟类可不喜欢平面设计，一张静态图片不足以骗过它们。实蝇还有一项重要的技能就是翅膀的微颤，它们把翅膀举起来颤抖，就像扇舞者最后的亮相动作。这两种效果的叠加可超出了鸟类的推理能力，于是它们多半会对这只"蚂蚁"嗤之以鼻。

为了让鸟认为它是蚂蚁，实蝇必须判断可能的危险来自何方并摆出正确姿势。只有垂直视线的翅面图案才有效，倾斜的图案是不可信的。我突发奇想，慢慢把右手伸过去，在它边上轻捏指头，并对叩指甲发出嗒嗒的声音。其实这样做不一定能让它误以为是鸟，这些动作只是引起它的注意。实蝇马上回应了我，它调整身体，然后把翅膀正对我的指尖。我慢慢撤回，换了左手继续在它左边虚张声势，它迅速转身，赶紧把"两只蚂蚁"迎上去。

太强的刺激会让实蝇马上飞走，但只要我把握得当，这只小昆虫就会一直跟我互动，在紫薇叶片上跳起圆圈舞。

# 异色瓢虫的家族徽章

桂花飘香的季节，大型昆虫已难觅踪迹。蓑蛾幼虫躲在厚厚的茅草帐里，像一个个黑色的幽灵遍布枝头。它们暴发时对植物的危害极大，甚至吃光整棵树的叶子。但是孤傲的紫叶李对此毫不畏惧，它在最大的蓑蛾帐篷旁用一朵反季节开放的白色小花来表达对黑暗势力的冷漠与嘲讽。

　　从17号楼旁的小路西侧到校园围墙间约有15米，以前我从来没探索过，今天费力钻进去以后发现里面基本上都是稀疏种植的榉树，它们是抵挡文泽路扬尘的第二道屏障。在卷曲的叶片里，我很高兴地发现了一只黄底黑星的异色瓢虫。它被自己胸背板上独特的黑斑搞得一副愁眉苦脸的样子，不知道在纠结什么。

　　瓢虫的分类，如果单从斑纹描述，要考量其唇基、颜部、胸背板和鞘翅。由于多数瓢虫的斑纹都变化多端，所以根据单一部分特征的判断是极不靠谱的。特别是异色瓢虫，它们以黄底黑星和黑底红星为两大基本型，星斑的个数从零到数十，加上身体的其他部位，变化出上千种排列组合，可以跟另外多种瓢虫"撞脸"，真的无愧于自己的中文名。

幸运的是，"变数"最多的异色瓢虫有着它们独一无二的家族徽章。

其实我很多年前就知道异色瓢虫的鞘翅上暗藏玄机，但是志书中枯燥的文字描述（鞘翅末端7/8处有一横脊）很难读懂，遂一直偷懒而不求甚解。直到最近，拍的瓢虫多了，有必要弄个清楚。我翻看近期的照片里，那些幸运的尚未被我删除的一张张屁股特写。终于，在一瞬间我顿悟了。

这就是传说中的"横脊"。有的文献将其称为"牙痕"，我觉得更加贴切。它多么像我们对着苹果一口咬下去却没啃动而留下的两个门牙印啊。

这个徽章实在太小了，野外观察的时候不能直接被肉眼发现。不过由于异色瓢虫体表光滑，那个部位额外的高光会放大差异，让它们显形。

并不是所有的异色瓢虫鞘翅后面都有这个牙痕，有些个体后面光溜溜的，就像总有一些粗心的小学生在出门的时候忘记佩戴红领巾。但是

这样的个体极为稀少（新疆西部和云南略多），总之带有牙痕的瓢虫就一定是异色瓢虫。

午饭时间到了。我忘记了自己是从哪个缺口钻进来的，只好随便找个空档往外钻。正走着，感觉右脚被地上的树枝钩住了，我习惯性地把脚抬高，没想到那根长长的树枝也跟着升了起来不让我换腿。重心还在前移，赶紧左脚继续发力，却差点踩到一截超尖的树桩。打算用一个跳跃来重新调整平衡的时候，正前方出现一张蜘蛛网，一只圆滚滚的蜘蛛正带着它的"宝宝"在网上休息……经过一阵手忙脚乱，终于站稳了。

我从另一条路绕到蛛网对面，这样光线更好。其实只有半张蛛网，拉在金桂和日本女贞之间，比较靠近地面。我把三脚架降到最低以取景，这是一只大腹便便的银背艾蛛，不过那些小黑点不是它的宝宝，而是一些被拢到一起的干瘪花瓣和食物残骸，它们被蛛丝裹成细长条，就像一段香肠。

艾蛛在网的底部来回移动，把香肠拢得更紧，并且同蛛网分开，仅余两端相连。然后它爬到其中一端，竖起身子去咬那些连接的蛛丝。这个时候，我似乎已经猜到它要做什么了：把这些脏东西打包扔掉。

不过艾蛛并没按照我的思路继续。它的毒牙在那里比画了半天，没有把那根东西的一头抛下来，反而停住不动了。我在放大的屏幕里盯着它的一举一动。在它停止的5分钟里，我贡献了4个蚊子包。这是此地最大的缺点：猖獗的蚊子。我只能把损失的血当作为了观看精彩表演而付出的微不足道的门票。

艾蛛忽然向上，去收拢自己的网。在把自己的残网缩减到刚才高度的1/3后，它沿着那根肠子爬到最左边，然后继续前进，直到它的足尖碰到了不远处一枚干枯的金桂花瓣。艾蛛伸出"两只右手"捧着花瓣，没

错，是右前足和右中足。

它想着："这是谁送的呢？"就这样陷入了沉思……

11:45，它沉思的时候我脸上多了第5个包。肚子咕咕叫，我决定先去吃饭，把三脚架留在原地做标记。

12:30，餐毕归来，艾蛛已经快把整张网打包好了。原来密密麻麻的纬线已经合并为几条粗的缆绳，那根肠子还在那里。艾蛛吊在它的中

段，所有的腿都收拢起来，根本看不出是一只蜘蛛。这很明显是要午休了，我识趣地收拾东西走了。

其实这才是它的真正策略：把细碎的垃圾收集到一起后，它们就变得庞大，艾蛛的大肚子就可以巧妙地隐藏其中。于是它在此放心午睡，不用担心天敌的目光把它从垃圾堆里挑出来。

# 柳叶粽子

—

　　十月中旬，日最高气温已降至二十几度。当我只穿一件长袖衬衫站在滨河绿化带的时候，明显感觉到寒意来袭。落叶乔木脱下了外套准备迎接冬季，好在还有累累果实装点枝头。樱果、樟果、海棠果，统统都是差不多模样的绿色小果子。

　　虫子明显少了。我搜索良久，都没有够分量的发现，于是我扩大搜索对象，从单纯地找虫子到连它们留下的痕迹也不放过。很快，柳枝上随风飘荡的绿色小粽子引起了我的注意。它用一片柳叶卷成，形体接近正四面体，小巧而精致。外层略有疏松，但内层的拼合非常严密。我摘下一片柳叶，去掉三分之一的尖头，卷出了一个模样相仿的山寨粽子，非常开心。

　　这是柳丽细蛾幼虫的巢。它如何卷出这么好看的作品呢？

　　一开始，我秉承不改变观察对象的原则，做了两次推测。忍了一个月后，我终于动手剥开了粽子，并且证明前面的推测都不正确。

　　因为它的造型特点深深印在我的脑海里，我下一次经过柳树的时候，便可以在很短的时间内，从万千柳叶的掩映下迅速锁定十几个粽子。这是我们作为捕食者与生俱来的能力，经历过首次的接触，在以后的捕猎生涯中就能高效地分辨出猎物的保护色，并避开会带来麻烦的警戒色。

　　粽子内部没有我想象的那么复杂。幼虫一开始就是朝一个方向卷叶

子，成为一个松散的圆筒。它先这么卷好几层，因为柳叶是从尖端开始逐渐变宽的，没有条件进行后续处理。到了柳叶等宽的部分后，它改变策略，开始封口、旋转并最终成为粽子的形状。比如我们拿着一个软的圆形纸筒，把底部的圆形开口捏成一条线粘住，如果把顶上也平行于底边来处理，那么相当于把这个纸筒直接拍扁了，肯定不行。但若我们把顶部按照垂直于底边那条线的方向来捏合，就构成了一个三维封闭的形体，稍加整理，便可成为四面体。

叶巢里面有一只茧，模样和尺寸都跟一粒大米相仿，茧的两个尖端通过固定丝连接到相对的两个墙面上。也就是说，茧子本身是悬空的，不会接触到内壁。

我原本以为这是细蛾的茧子，可是粽子形状的叶巢已经起到了遮蔽和保护的作用，没必要重复包装。其实这只茧属于茧蜂，它杀死了细蛾幼虫，并且它信不过这个被自己突破进来的叶巢，它得亲手做一个自己的茧才能安心化蛹。

柳树边是一棵朴树的小苗，我在它顶端的叶子上看见一枚小小的灰色卵。肉眼看上去卵壳是光滑的，但是经过相机的放大以后，一条条纵向的脊就显露出来了。

根据寄主植物和平时校园里的常见蝴蝶可以推测出这是黑脉蛱蝶的卵。它的表面结构精美，像一个拜占庭风格的教堂穹顶。可惜的是顶部那个肉眼看不到的天窗表明这枚卵也被寄生了。寄生蜂作为天敌昆虫，几乎没有哪种防御形式能躲得过它们的攻击。

午饭后还有一个多小时，再逛一逛17号楼西侧。生科院在扩张他们的地盘，这里的虫子明显就多了。

几个月前，刚刚出生的小漏斗蛛们在龙柏上安家。现在它们长大了，原本细密的网相互粘连，破洞扩大，反而出现了漂亮的纹理。这是当下流行的数字化建构的常见形式和灵感来源之一。

　　大多数的漏斗蛛看到镜头的靠近就赶紧跑回安全的漏斗里了，可有一只例外。它以漏斗口为根据地，进进出出，有时跑到离漏斗很远的地方向我挑衅，表示即使这样凭它的身手也一定能在最后时刻全身而退："有本事就来抓我呀！"它甚至攀住网的上部向我做了两次蜘蛛目特有的恐吓动作。这只漏斗蛛只有七条腿，不用想就知道这是它争强好胜的结果。

　　樟树树干靠近地面的地方有一条浑身金黄的毛虫，它如此肆无忌惮，因为它是丽毒蛾的幼虫。我知道它是个厉害角色，就拔了根草棍去挑动它。幼虫感受到威胁，立刻把背部弓起，把本来藏着的一块黑色皮肤暴露出来，用最简单构型的黑黄警戒色告诉对手：我可是不好惹的！

# 蚁蛛的小幸福

—

　　滨河带有很多低矮的树桩，我想是因为这里没有特别打理，死去的树木就贴着地面锯掉了事。我看到一个高10厘米左右的并不粗的树桩，也许有点年头，树皮和木质部已经分离，蛀干昆虫留下的孔洞就像一张星座图，点缀着径向裂纹。这上面摆放的几颗小石子不知道是谁的作品。苔藓的绿色带来了一点生机。多个物种共同努力，打造了这个缩微景观。

我在构树的树干上看到一只活跃的蚁蛛。它们是拟蚁大军的主力，整个蚁蛛属有两百多个种在模仿当地的蚂蚁。蜘蛛和昆虫差别很大，它们缺少蚂蚁那对动个不停的屈膝状触角，而且比蚂蚁多了一对足。但是蚁蛛灵机一动，把多出的那一对前足举在头顶拼命挥舞，巧妙地解决了这个问题。

虽然蚁蛛的外形能够近乎完美地拟态蚂蚁，但其行为可以很容易地被人类区分：蚂蚁的行动总是带有目的性；而蚁蛛，套用许巍的一句歌词，总是在"漫无目的地走"。不需要任何指导，如果你见到一只"无所事事"的蚂蚁，那必定就是蚁蛛。

我用镜头跟踪蚁蛛，它爬进树干上的凹缝。我收回相机调整参数，然后重新端起来等待它从凹缝里出来。

虫子出来了，但是个头小了不少，就像只是蚁蛛的上半身出来了一样。我马上意识到在我调整参数的几秒钟内，有两只虫子上演了狸猫换太子。这是采风时常遇到的情况，当你盯牢一只虫子，它就老老实实在那儿；当你把目光移开几秒再回来，它就不是原来的它啦！

新来的是地长蝽的末龄若虫，它着急赶路，高举着长长的只有四节的触角，就像像蚁蛛举着前足一样，绕开构树树干上的一个个皮孔。

离开前我再去东端的圆形小广场，那里有几棵略微干净一点的石楠。一只晒太阳的蚁蛛看到我的接近，马上翻到叶子下面。石楠叶片上有很多白色的丝巢，而我又发现了比较多的蚁蛛，我开始把它们联系到一起。

我不会直接拆开一个丝巢查看。便不断找寻新的丝巢，直到找出一个自己拆了一半的，里面正有只小虫守在家里。这个巢没有封闭，我得以通过不同角度的观察以及轻微骚扰看里面虫子的反应，确认这就是蚁蛛的家。

这种丝巢很常见。肉食性的蚁蛛不挑剔植物种类，只要它的叶片两侧翘起，让它拉直线就能扯一个帐篷即可；它也可以费点力气，在两片紧挨着的叶子夹缝中建巢。教授昆虫课的头几年，我经常想象（也会问学生）如果下辈子转世做虫子，会选择什么物种。这个选择会变来变去，现在想想，做蚁蛛也挺好的。

作为拟态蚂蚁的虫子，不必担心有天敌特意飞过来把自己一口叼走；拥有神奇的造丝能力，可以不用任何其他材料建筑自己的温馨小窝；夏天织一床半透明的蛛丝夏凉被，冬天把被子加厚到不透明来御寒，如果某个冬天特别冷，那么就织得更厚一点；没事的时候在家门口转悠，逮点小虫子吃吃；天气不好就宅在家里，日子就那么一天天过去了。

今天因为阳光煦暖，气温有所回升，于是大多数蚁蛛咬破它们的帐篷，出来晒太阳了。我拍的这一只还在犹豫不定，可能它觉得现在还不够暖和。

但是它的隔壁邻居已经出来活动筋骨，并且幸运地逮到一只摇蚊。我打开闪光灯，跳蛛科闪亮的大眼睛立刻现形。

昆虫摄影中有两个最好的模特：螳螂和跳蛛。它们共同的优良品德就是：无畏和好奇。所以它们会勇敢地打量镜头，而不像其他虫子那样逃得远远的。而且它们像专业的模特一般，知道摆出摄影师需要的最好角度的造型。但是时间久了，一大堆全是正面的照片也会令人乏味。想要拍摄45度角的侧面照？跳蛛科可不答应。无论你转到哪里，它都会及时调整角度，好让自己动情的大眼睛对准镜头方向。

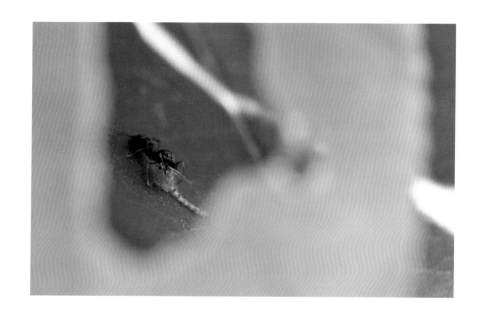

　　我注意到它的左边有一片叶子被虫子咬了一个不小的洞。通过这个窗户可以窥视进食的蚁蛛，而不被它察觉。于是我端起相机，关闭闪光灯，找到一个合适的角度偷拍了它的非证件照。这个小傻瓜还牢牢对准最后一次镜头出现的方向，期待着时尚杂志记者的快门和闪光呢。

　　蚁蛛吃完了。它把干瘪的摇蚊尸体吐掉，又有一点意犹未尽，或者仅仅是为了向观众证明它真的是一只蚂蚁，蚁蛛往前走了几步，用第一步足拍打摇蚊，就像蚂蚁用触角探测一样。然后把它衔在嘴里，发现真的是一点汁液都榨不出来了。于是把它再次扔掉，又踢了一脚，摇蚊就骨碌碌地顺着叶子滚下去了。

　　有很长一段时间太阳没有被云层遮挡，于是这一会儿气温升高得很快。那只犹豫了好久的蚁蛛终于下定决心，从它的小窝里出来，加入到同类们早已开始的石楠叶上的聚会。

# 黄刺蛾的小行星

—

十二月上旬我宅在家里，错过了许多美景。以银杏为首的多种植物叶子都变得金灿灿的，跟那些火红的墨绿的舞伴们一起，上演秋末的视觉狂欢。及至中旬，多数叶片都已经凋零褪色，只有银杏叶依旧顽强。它们把舞台移到地面，续写尾曲的辉煌。

柔弱秀丽的狭叶十大功劳，趁园丁两个修剪期的间隙，奋力发出新的枝芽，把冬日的点点阳光都接在掌心里；树干上的侧耳也不甘示弱，层叠间显现出未来城市的雏形。

　　滨河带的绿化配植没有那么多金色。一半的树木把叶子抖到脚下，变成松软的地毯。在一棵樱树的树干上，我看到一枚选址不太恰当的黄刺蛾空茧。

　　黄刺蛾是剧毒毛虫刺蛾科的代表物种之一，俗称"洋辣子"。根据我的观察，黄刺蛾幼虫结茧的选址规范可以这样表述："基地宜位于细小的树枝上，靠近分权处为佳。"

　　我十几年来遇到的黄刺蛾茧，大多遵循这个原则。今天邂逅的这枚空茧的前主人，定是一条眼界宽广、胸怀天下的毛毛虫。它确实选择了分权处，但不是小枝条的分权处，而是树干的分权处。这只小虫以为把茧筑于此地，就扼住了这棵树的咽喉，由此之上所有的枝条和树叶，都属于它千秋万代的子子孙孙啦！

　　结在树干上的黄刺蛾茧对我来说却是个好事。相比在高处晃动的小细枝，它是容易接近且稳定的拍摄对象。即使是用一只非常不方便的全手动镜头，我也可以沉住气，通过细微的变焦得到一连串不同焦平面的照片，把它们在软件里合成为一张超景深画面，让这个茧的所有部分都清晰呈现。而这是单次拍摄所做不到的。

　　黄刺蛾的茧呈正椭球形，是昆虫界最坚硬的茧之一。而且比更加常见的绿刺蛾灰褐粗糙的扁椭球茧（它们经常在树干上扎堆出现）要漂亮得多。它像一枚小鸟蛋，白色的蛋壳上涂了纵向的褐色条纹。中国古人观察到雀鸟啄开茧壳取食里面的虫子，就像使用自己的饭缸子一样，于是把它叫作"雀瓮"。

如果放大看，就会发现其实褐色才是底色，不连续的白颜料覆盖在外面。褐色部分的主要成分是蛋白质，它是构成坚硬茧壳的主体材料；而白颜料则由草酸钙组成。

继续放大，我眼前的景象忽地一闪。白色的部分仿佛正在消融的冰川，那些细微的褐色丝痕变成了水流侵蚀的河道。它们蜿蜒曲折，汇聚成海洋。这个长轴仅略大于1厘米的茧刹那间放大了数十亿倍，达到行星尺度。在想象它从微观世界跃迁至宏观世界的瞬间，我激动万分。

黄刺蛾的幼虫在夏末就完成了织茧，但它以末龄幼虫的形式越冬，直到次年春末夏初才化蛹，再经历一个月左右的蛹期后羽化。也就是说，在从秋到春的三季里，它都有知觉，而不是一只昏睡的蛹子。

　　幼虫像一个孤独的小王子，只不过是待在自己小行星的内部，依偎着柔软的内层丝垫，倾听外面世界的风雨，等待属于自己的轮回。

Following
Insects

# 他山之虫

远离城市的乡村、山野和自然保护区，
因为拥有丰富的植被和地理类型，
所以供养了更多的动物种类，
在相同的步行距离内可以遇见更多的昆虫。
除此之外还有一个好处：
在观察和拍摄时，
即使不顾形象地趴在泥地里，
也不会被来往的路人当作傻子。

不过因为来回路程的时间成本不可忽略，
所以这种观察是需要提前规划的。

其实我很少出远门。

# 初探小和山

——

　　周六，带杨蛙蛙拜访小和山下的同事余老师，午后一行人爬山寻虫。我以前经常去杭州市区的老和山，却没想到小和山居然在它西边13公里之遥。

　　山顶原有金莲寺，始建于宋，曾经规模宏大，现仅存信众重建的小庙。复建工程已经展开，但山路运输不便，还需数年时间。

　　随处可见的石龙子被脚步惊扰，先跑一小段定住，用个十几秒进行风险评估，接着便找缝隙钻入不见。其中一只爬到了参差的石阶边缘，它小小的身形把那踏步衬托得像一处悬崖。我赶紧把相机放低，在它溜走之前定格画面。

　　在一个转角休息处的石凳上，我看到一只奇怪的小虫。远看是一只姬蜂，它们的典型特点是永远不停止颤动的黑色触角，端头一小段白色非常显眼。但近看这小虫其实只是一只苍蝇，它把花纹酷似姬蜂触角的前腿举起来摇晃，模仿姬蜂的行为。它抖动的频率要慢一些，但是幅度却大得多，像戴着白手套的忘情的指挥家。

　　它属于双翅目里很冷门的瘦足蝇科。普通的瘦足蝇只有前足戴了白手套，可这只六足都有戴。我想到喵星人里有一个浑身乌黑却爪子雪白的品种，唤作"乌云踏雪"。

　　灰色的寺墙顶部角落里有两枚圆圆的蛋，旁边一只很大的盾刺盲蛛。我起初以为是盲蛛在护卵，可那东西大到能够塞进去七八只成年盲蛛的身体呢。因为它们是被粘在垂直的墙壁上的，我忽然就猜到了这应该是我从来没有见过的壁虎蛋。大多数生物攀爬靠的是吸盘、钩爪和黏

液，但壁虎全靠足底细密到微米级别的刚毛阵列。它们以近乎于零的距离接触攀附表面，借助分子间的吸引力（范德华力）来获得强大支持。所以小壁虎出生的时候就具有飞檐走壁的本领。

盲蛛是野外常见的蛛形纲生物，盲蛛目和蜘蛛目是并列的关系（所以盲蛛不是蜘蛛）。从身体分节来说，昆虫纲分为头、胸、腹三部分；蜘蛛目分为头胸部和腹部两部分；到了盲蛛这里就只有浑然一体的躯干（胴部）了。盲蛛的身体可能仅有黄豆大小，但是八条长长的腿伸展开时，跨度会超过10厘米。它们的背甲其实非常漂亮，大多数有蓝绿色金属光泽，还会出现脸谱。脸谱的具象与否跟光影有关，比如壁虎蛋边上这只，像极了武侠片里的印度法王。

盲蛛在头顶有一个突起的眼丘，上面对生了两只小眼。但它们是典型的单眼结构，感光强而成像弱。为了感知环境，盲蛛的第二步足非常发达，触觉敏锐，平时充当了盲杖的作用。万一摸到什么可怕的东西，就撒开八条大长腿一溜烟逃走了。

山路边的肾蕨上也停了一只盲蛛，它已经失去了左侧的第二步足，正在用仅剩的右腿慢慢摇动探察。这对它来说相当于瞎了一只左眼，不过影响并不是很大，但如果右腿也没了那可就要命了。我忽然来了兴致，想用自己的手指跟它来个亲密接触——一次跨越物种的历史性握手。它的正常反应应该是马上后退逃走。同时因为我其实是极端怕虫的人，担心万一盲蛛搞错方向，因此在接触前我也做好了随时撤退的准备。

当我搭上它的探测足时，盲蛛居然没有惊慌，只是略微抬高了足尖，退让我的手指。这有点奇怪，于是我得寸进尺继续碰触，盲蛛则不断地把腿抬得更高，甚至抬到朝后。

我不甘心，直接轻捏了它的脚尖一下。这回盲蛛终于有点慌了，赶紧把足抽回去，然后极其灵活地弯曲，把被我碰过的地方放在嘴巴里从头到尾细细地咂吧了一遍，一脸嫌弃的模样，可能是怪我手上的汗弄脏了它的脚吧。总之我捏了它几次，它都只在原地吃脚，一点逃走的意思也没有。也许就是这份迟钝让它失去了自己的左腿。

一只"小蚂蚁"不慌不忙地从寺墙上经过，当然我一眼就看穿了它，这是拟态蚂蚁的蜂缘蝽若虫。它的嘴巴是一根吸管，而不是上颚。由于蚂蚁是相对比较安全的昆虫，所以拟蚁生物非常普遍。在山脚我遇到的一只螽斯若虫也这么干了，但是对于这种身体形态跟蚂蚁相去甚远的昆虫，它们小时候做到最好也就是浑身漆黑，螽斯长长的触须和后腿是怎么也藏不住的。

　　龟甲亚科是比较有意思的一类昆虫，野外也比较常见。同乌龟类似，它们的头藏在胸背板下得到完全的保护。当它们打算固守的时候，就把底盘降至最低，六足和触角全部收在护甲里面，不留一点破绽。龟甲的脚掌和壁虎是同一原理，并且它可以分泌油脂来增强黏附。

　　龟甲的主要敌人是蚂蚁。它们只有一个办法取胜，就是靠蛮力把龟甲从叶子表面撬起来。实验证明，根据坚持时间的不同，龟甲可以抵抗60到200倍自身体重的拉力。一只蚂蚁显然不够，这是一场耐力的比赛，如果在蚂蚁们耗尽耐心之前都没能够撼动龟甲，那么它就赢了。

　　但如果龟甲像普通甲虫一样有个结实黝黑的外壳，那么它的防守姿势等于把自己关到了小黑屋里，同外界隔绝了。所以龟甲的胸背板边缘透明，大多数种类甚至连同鞘翅边缘都是透明的。它用自己的身体打造了一间结实的阳光房，这样它就能够看清蚂蚁们是真的撤退了，还是要耍一招引蛇出洞。试想有一只自信乐观的龟甲，当蚂蚁们为了吃它的肉而在窗外凶狠叫嚣的时候，它在屋里淡定悠然，隔窗观山河秀丽。

当危险退去，或是一觉醒来，它就抬高底盘，慢悠悠地伸出腿和触角，散步去了。

有一些蛾类白天活动。这只卷蛾科的小蛾子翅膀上有着花哨的图案，形成类似于《爱丽丝漫游仙境》风格的一张脸谱。它的中文名是"麻小食心虫"，一种常见的害虫。不过吃货们不要紧张，它并不会出现在你们钟爱的麻辣小龙虾的心脏里。它是小食心虫属里喜欢吃大麻的那一种。

路边一棵酸模上，不同龄期的棘缘蝽若虫在此聚集。酸模的种子刚出现时是绿色的，然后整体慢慢变成褐色。棘缘蝽的低龄若虫有一个绿肚子，刚好可以藏身其中，它们用背上的棘刺表示自身难以下咽。随着不断蜕皮长大，它们的棘刺变短，体色也慢慢变成了褐色，始终保持与寄主植物颜色同步。

角蝉科昆虫都不大，它们的胸背板发生了匪夷所思的特化。这个单

纯的结构凭一己之力，模仿从最简单的植物构造到一只复杂完整的蚂蚁甚至黄蜂的形象。常见的角蝉都比较低调，它们最常模拟的是叶腋处的刺突。

广翅蜡蝉的若虫是蜡丝伪装高手。它的腹末有多个分泌器官，蜡丝呈辐射状散开，形成一把伞。然后它把腹部反翘，用那把保护伞盖住自己的身体。

白色蜡丝的广翅蜡蝉若虫非常常见，而金色的就显得珍贵了。实际上我刚看到的时候也不能确定，更倾向于它是一朵凋零的黄色小花。只是在我忙着跟一旁的盲蛛依依不舍地握手时，这朵小花自己动起来暴露目标了。

若虫始终用蜡丝屏障遮挡自己的身体，像一个蹲在伞下不肯出来的小朋友。在宽大的叶片上我找不到任何角度来拍摄它的身体。幸运的是，我在不远处的一根细长草叶上找到了另外一只，通过小心地扭转草叶，终于让它的头露出来，展现庐山真面目。

# 毒蛾之舞

———

学院组织了一次六月份的富阳"春游"。景区只逛四小时，路上就要四小时，我是享受坐车过程的人，于是报了名，杨蛙蛙托夫人代管。

当然，拍虫才是我的主要目的。但此次游览不走回头路，我不能等别人返程的时候捎上我，只得利用路上的各种停顿突击拍摄。掉队的同事、如厕的同事、失联的同事，所有为滞缓行程付出努力的人，我都感激不尽。但是我本人不能做拖后腿的事情，所以刚开始我就一马当先，甚至跑在导游前面，成为迷路的同事。

路边草丛里，各式各样的虫子都出来了。在一年蓬上装模作样的象沫蝉，头顶的突起让它看起来像一只倔强的鸭子；上方几片叶子之遥，一只小巧的绿色螽斯正想静静，它那么柔嫩，我几乎没看出来它是成虫；广翅蜡蝉的若虫背着白花伞在叶尖打转，浅褐色的黛眼蝶在草丛穿梭；半大的金蛛刚刚织完了它网上醒目的"X"形丝带的捺画。

眼蝶是山间常见的中型蝴蝶，它们活泼好动，不爱停留，很多次与我擦身而过，但就是不给好的拍摄机会。这时候一只大型蝴蝶从身旁快速掠过，绿褐色的身影，即使在飞行中也能看到翅膀上的两道白光，很容易判断出这是翠蛱蝶属的种类。

我走到山路转角处时，蛱蝶停在了我前面的干涸水沟里，翅膀不断开合。我用身体把它和后面的游人隔开，同时等待一个翅膀完全展平的

瞬间。这会儿我成了队伍里的最后一人，不过等下我可以小跑赶上。

蝴蝶飞了起来，停在我面前的竹片篱笆上。这篱笆因地制宜，在倾斜的山路上顺着地势拼接。不同年份的青苔和霉污给竹片染上了丰富的色彩，而蜗牛用齿舌刮出了带纹理的竹子原本的底色。这块画布丝毫不逊色于蝴蝶的美丽，它们在一起相得益彰。

在粗犷背景的衬托下，这只波纹翠蛱蝶后翅的残缺不但没有遗憾，反而显得必不可少。相比之下，我以前追求过的毫发无损的虫照，因为完美而不真实。

残缺之美，是因为它经历沧桑，独一无二。

继续走，灰褐色的黛眼蝶数量多了起来。它们似乎在陪着我行进，忽而萦绕在膝间，忽而去路旁草丛玩耍，但总有几只在我的视野之内。在两旁树干上我看到一些聚集在一起的白色卵圆形的东西，因为肉眼看不到它已经打开的盖子，我起初想当然地以为是某种可以分泌蜡丝的介壳虫，直到我看见那个原本的祭品掉下去之前的样子。树干上奄奄一息的毛虫们包括各个龄期，以中小龄为多，而且不止一种。但它们看上去都是毒蛾科的。在我到访之前很久，茧蜂就完成了在毛虫体内暴食的幼虫阶段。它们钻破体壁，依偎着寄主血淋淋的身体编织自己的小茧子。然后化蛹、羽化，梳妆打扮、咬破茧盖，推门走出来干净漂亮的寄生蜂。

寄生行为的残忍和创意远远超过一般人的想象。虽然毛虫已经处于弥留之际，但身上的毒毛依旧犀利，它拼尽最后的力量为仇敌的孩子提供保护。待到茧蜂纷纷羽化并无情地离开，毛虫的生命之火终于可以熄灭。它脚爪松懈，被一阵微风带向树根，化作养分回馈它曾伤害过的大树。

大家在欢快地赶路，没有人注意到身旁舞动的灰褐色身影越来越密。它们像一股股微小的旋风，在悄悄地汇聚。同样没有人注意，山路两旁的每棵树干上，都有五六团这种奇异的白色花朵，每一团圣洁的温暖丝绒，都是一条毛虫的无名墓碑。

快到餐厅的时候，出现了一片可以玩障碍穿越的游乐场。大人小孩兴奋地冲了进去，我也很高兴：短时间这队伍是走不了啦！在人声鼎沸的游乐区一角的安静草地上，是无声飞行者们的大型聚会。我目光所及就有近百只。我猛然间意识到，从陪伴我上路的一开始，它们就不是什么黛眼蝶！它们，是一群蛾子。

它们很少停顿，即便偶尔休息也非常警觉。它们飞舞的模样和停落的模样差别很大，不容易联系到一起。我两次信心满满地接近全部扑空，于是第三次我加倍小心，终于看清了这蛾子的模样。

这是典型的毒蛾科昆虫。从宽大茂密的触须不难看出它们都是雄蛾。它们是茧蜂在幼虫期进行的大屠杀的幸存者，它们用庞大的数量宣告自己的坚强不屈，它们到处飞舞，捕捉雌蛾散发的微弱外激素。

在过厅的墙上，我找到了雄蛾们的心上人。它已经在墙上产卵，并且把腹部的毒毛脱下来覆盖在卵堆上面，保护未来的宝宝。

这是分布极广的舞毒蛾。这种毒蛾表现出有趣的雌雄二型。翅膀上的黑色纹理几乎一样，只是底色不同，雌白雄褐。午饭后我在树干上找到了一只墨盒充足的雌性，它背后的纹理是本种的标准模板。

上午的行程很好地锻炼了我的快速反应能力。因为是在行进中搜索取景，我的目光必须更加敏锐，拍摄要更加果断，拆装三脚架更加迅速。实际上我也一直保持亢奋，到餐厅才发现左手什么时候划破都不知道，血迹斑斑。

景区的团饭总是那么难吃（这么说可能有失偏颇，因为我不吃两条腿的，而炖鸡永远是主菜），对我来说，拍摄机会比填饱肚子远为重要。匆匆塞了几口，为自己争取了一个半小时的时间。

餐厅正对岩岭湖，出来就是码头。按照计划，午休过后大家乘竹筏绕湖一周观赏风景，然后上岸返程。岸边有很多废弃的东西，其中有两段锈迹斑斑的铁桁架，一条小尺蠖正在上面赶路。它是尺蛾科的幼虫，因为其爬行方式像布店裁缝用皮尺量布的动作而得名。也叫造桥虫和欧米伽虫（形似"Ω"）。

比起常见鳞翅目幼虫的五对腹足（包括一对尾足，也叫臀足），尺蠖只有最后面的两对。虽然比人家少了三对足，但是它一弓一弓的行走方式比常规蠕动效率高，反而快了很多。尺蠖在小的时候这种走路样子很可爱，即使掉到怕虫的人身上也不会引起尖叫。但是待它们长成大个儿的幼虫，这举动就有些瘆得慌了。

小尺蠖爬得太快，即使身上背了四五只螨虫。目前的光线条件下我不能拍清楚它，我必须让它静止。于是我采取了必要手段：恐吓。

　　对于普通昆虫来说，任何风吹草动都是潜在的危险，一定要第一时间逃窜。但是对于拟态系昆虫，特别是拟态植物和环境的昆虫来说，马上进入拟态姿势并保持不动才是保命手段。如同战争年代，行军路上听到一声"卧倒"，全员就会马上趴下，这是一种条件反射。

　　对于小尺蠖来说，口令的触发条件就是任何风吹草动。我一口气吹过去，它马上把身体绷直，胸足收拢，变成一根小木棍。

　　它做得非常好，而且保持了很长的时间。足够我移动三脚架找垂直面，并慢条斯理地放大对焦。它觉得警报差不多可以解除的时候会开始

试探性地微微晃动，如果这时候我还没拍够，便再吹一口气！

　　沿着河岸继续走，我看到了熟悉的齿果酸模。它的果子非常有趣，像精致的日本料理。宽棘缘蝽的若虫非常喜欢吸食它的汁液，初孵若虫的触角特别夸张，而且中间两节末端扁平膨大，显得威风凛凛。

　　酸模一定是适应力很强的植物，它们的种子嵌入从岸边伸入湖面的废弃竹筏上，在那么贫瘠的地方长出了一小丛，有一棵还结了密密麻麻的果。一只春蜓停在果序尖头俯视领地。

　　临近餐厅的院子里，树干上有一只荔蝽科的若虫。它的身体非常扁平，像一片缺乏阳光的嫩叶。奇特的复眼分成前后黑白两个部分，这个搭配产生了脊椎动物的黑眼珠的效果，仿佛有了视线方向，会带来更多的想象空间。

　　我们走一小段返程的路拍集体照，结果在同一棵树的几乎同一个位置我发现了它的亲戚。荔蝽科的若虫都很扁平，但是身体的轮廓线则

用最基本的几何形拼出了不同的风格。这一只硕蝽若虫有着鲜艳的警戒色，而且个头也不小。我就很奇怪这么多显眼的虫子为什么同事们都看不见呢？你们对得起那些年吃过的三文鱼吗？

保护色也好，警戒色也好，纵使虫子们有千条妙计，撞到蜘蛛网上也只有死路一条。在集体照整队的短暂时间，我在旁边的矮檐下看到了这悲惨一幕。乍一看这只温室拟肥腹蛛连一片枯叶都不放过，但结网蜘蛛的视力通常都很差，它才不管正在挣扎的是虫子还是叶子。只要网的振动规律符合猎物的几条要素，先捆起来咬上一口再说。

有什么冤屈，去跟毒液讲。

这只蝽若已经死去多时，从它弓形的胸背板可以看出来这是我拍到的第一种。对于蜘蛛来说，它就像一袋超大包装的饮料，出于节俭和环保，一定要吸到最后一口，直到再也吸不出来才可以丢弃。

# 马蜂圣殿

——

2016年7月底，自然影印在井冈山国家级自然保护区举行年会。我很少出远门，这是我参与的第四次年会，也是第二次来井冈山。我们这小圈子以生态摄影交流为主，由国内各高校的昆虫学者、保护区工作者、爱好者所组成，我是后者里面的狂热分子。

杭州到井冈山颇方便，有一列夕发朝至的卧铺车，价格公道。唯一难过的是因为不敢把相机背包放在走道对面的行李架上，只好抱着它睡觉。每当这种时候就特别羡慕身材"精简"的人啊。

火车于凌晨五点半到达井冈山站。但保护区和各个著名的纪念性建筑其实是在邻近的茨坪县。大部队还在途中，我记得投宿的大井茶园农家屋后有一条小路，略吃点早饭就寻了过去。

八点多的阳光已然强烈，几只腹端乌黑的蓝色蜻蜓在追逐竞赛，它们停歇在相距不远的地方，差不多同时起飞，朝着对方冲过去，相互推搡，然后分开。它们模样相似，却属于不同种类。我还没有从卧铺的困顿中清醒过来，光线刺得我迷迷糊糊的，直到我看见一只漂亮的点翅斑大叶蝉安静地在路边恭候我的到来。白色泛青的头胸点缀墨色斑点，一对大眼隐于其中；前翅橙色，搭配略小一些的黑点，翅端茶色。整个儿身体就像用锦缎包裹的青花瓷。它所在的叶片正经历由绿到黄的转变，这些丰富的色彩组合马上令我的精神为之一振。

这里真的就是井冈山啦！

山茶树上结了个复杂凌乱的三维空间网，包含一个甚不平整的底部。大网的中心悬挂着一枚枯叶，靠近叶柄的部分被弯曲并织了一个丝巢。一开始我纳闷枯叶丝巢和空间网是否为同一个主人，因为这叶子很像"无意中"掉落到网中去的。

这其实是球蛛的精心安排，它躲在枯叶里骗过蜘蛛的天敌，光滑的腹部很像京剧脸谱。它们是真正配得上"运筹帷幄"这个成语的蜘蛛。其他的普通结网蜘蛛其实是在露天环境下"决胜千里"的，而不是像这一位稳坐于坚固舒适的中军大帐。

临近十点，太阳渐高，我返回农家休息。等到新朋旧友相聚一堂，众人沿门前山路南下漫步。在临近下井乘车点的道路转弯处，路旁一人高的护坡上垂下来鹿角杜鹃的枝条。几片残叶遮蔽下，一个马蜂窝正在蓬勃发展。

这个异腹胡蜂的巢已经孵育出大多数的职蜂，幼虫分布在边缘巢室，中间的大部分都是空室。光线从上方穿过半透明的底部，在巢壁上造出近乎宗教氛围的光影效果。这些六边形的巢室让我想起阳光照射下

罗马万神庙穹顶上紧密排列的方形壁龛，这里是马蜂武士们的圣殿。

当我因为兴奋而靠得太近，一只职蜂来到蜂巢底部，抬起身向我表达了它的不满，于是我礼貌地离开了……

下午我去补拍蜂巢所在的植物照片，并在它附近找到了一个不错的拍摄场所：路边一块几十平方米的空地。这里没有直射的太阳光，地面被柔软的金发藓铺上了一层厚毯子，几块干净的大石头突出来，可以放背包或者坐下休息，周围的植物类型也很丰富。

森林漏斗蛛在一棵小柳杉上布下自己的天罗地网。一对交尾中的宽边黄粉蝶不幸闯入了网的上半部分，细细的几根蛛丝改变了它们的命运。我看到的时候它们就那样静静挂着，只有下方雄蝶偶尔摆动的腿显示这依然是两个鲜活的生命。漏斗蛛在下面的丝垫上分辨猎物的动静，可能从一开始粉蝶就没有挣扎，所以蜘蛛只是当作两片树叶粘在网上，暂时还懒得出来清理。

保持不动即可苟延残喘，同时，却没有脱身的希望。

然而，挣脱蛛网的速度绝不会快过蜘蛛的出击。我郑重打开新买的三脚架，把它的第一次使用献给这个凝重的时刻。

随后我在柳杉旁边的禾本植物叶子上发现了一只有着卡通花纹的蜘蛛。这是汤原曲腹蛛，它白天在叶背潜伏，拟态一只瓢虫（因为瓢虫很难吃，所以也是被拟态的热门种类），到了晚上它会站起来恢复蜘蛛本来的样子，纺丝捉虫。

这蜘蛛的模样可爱之处在于色彩和斑纹的搭配。但是在我仔细比对了不同的照片后发现，斑纹会发生变化。黑色和橙黄色的部分是腹部外壳上的色素，它们的样式是固定的。外壳的其余部分其实是透明的，白色的内容物会移动，造成红色空缺部分跟着变化。通过以前对鳞纹肖蛸的观察，我推测斑纹的变化可能会反映它们的情绪。

蜘蛛拍好以后，再转身时发现两只粉蝶不见了。我不认为它们可以就这样离开，果然，在漏斗的门口，蜘蛛正趴在一个黄色身影上大快朵颐。

漏斗附近的网织得异常稠密，近乎不透明，我通过判断漏斗的大小，以及各个角度的仔细观察，推测漏斗中只有一只蝴蝶。我倾向于认为：蝴蝶有意或无意的动作引来了蜘蛛，在死神扑向它们的瞬间，雄蝶尾部的抱握器松开了雌蝶，让后者以自由之身，带着它们的梦想和感情的结晶飞向天空。

# 大蚊的吊床

—

今日去水口景区，那儿有个著名的景点彩虹瀑布。我前年曾经去过，后半程有一段较陡的山路，废掉了一个膝盖，回住处后连二楼都是手脚并用爬上去的。这次为了保存体力我决定止步于半程，沉住气慢慢拍。

行程开始我赶忙冲在第一位，但很快又成为了队伍的最后一人，悠哉地查看路边的山坡留给我的各种讯息。这一地区的结网蜘蛛类型丰富，优势种是草绿色带黑条纹的西里银鳞蛛，然后是翠绿色镶白边的梅氏新园蛛，以及肚子像个自行车座，四条前腿收拢成耙子状的银斑艾蛛。

石阶的转弯处有一块山体凹陷，大小容得下一头熊。一只幼年艾蛛在靠近左侧石壁那里结了张不大的网，并在上面进行了螺旋状的粗条纹装饰。但几根一米多长的横向结构丝连到右边。我顺着丝往右看，惊喜地发现上面吊着两只大蚊，正在享受黎明的慵懒时光。

由于它们都是纤细的对象，拍摄难度较大。幸运的是山坳提供了近乎无风的环境，我得以用三脚架长时间尝试；其次还要感谢这两只大蚊足够懒。当同类已经在石壁间练习轻功的时候，它们一正一反，坚定地挂在蛛丝上，还牵着彼此的一只"手"。这样的情

形像极了一对夫妻的周末清晨，恩爱但绝不第一个起床。哪怕响起敲门声，他们也相互推诿："你去开门。""不，你去。"

大蚊的发现令我非常开心，甚至觉得有这么一组照片，今天就已经值了。很快在另一个路边坳里，我发现了一只小蛾子。虽然这只螟蛾的体长还不到一厘米，身上的花纹也很素雅，我却第一眼就被这个花纹打动了。我觉得它更像是一个"绘画"的结果，而不是"自然选择"的结果。

我甚至能体会这个过程：造物主铺开这张白色的画布，还没想好画什么，索性用黑色钢笔先点下去。在他犹豫的时候，那个地方的墨水洇开了；于是他赶紧拖动笔尖，勾出一道弧线；思考片刻后，他在后面又画了一条弧线，现在翅面被分成大小不等的三部分；他有主意了，迅速更换了黄色笔刷，在最小的那部分按照翅脉的方向，从下往上在每个翅室上抹了一笔；画到最后，他觉得需要做一下强调，于是用黄色涂满两个翅室，并换回黑笔在上面涂了个色块，作为点睛之笔。

　　根据景区的指示牌，我已行至半程，于是果断返回。路边有一片被卷成雪茄形状的叶子，这是卷叶昆虫制作的大粽子。叶子刚卷好的时候肯定是绿色的，然后外层的部分慢慢开始从橙到红的转变。一只雪白的广翅蜡蝉若虫守在上面，像一个孤独的船长。

　　它屁股上的蜡丝由白色和浅茶色交替形成，这可能和树木的年轮一样反映了某种节律，比如日夜交替。

　　我欺负它还没长出翅膀，逃不出镜头的摆弄，最终忍无可忍的若虫一跃而起，降落在近一米开外。蓬松如伞的蜡丝确实减缓了它的下降速度，但其中一小段在弹射过程中被加速度扯掉，慢慢飘落。

　　扛着三脚架赶路确实比较辛苦，于是我随便选了一个地点休息。旁边有一棵刚刚长出的箬竹，叶子上有很多常见的食痕。多种幼虫能够造成这种效果，它们取食叶片某一面的表皮和中间的叶肉，留下另外一面透明的表皮。

　　但是我注意到某片叶子上，食痕的边缘有一顶小小的帐篷。由于我正在休息，所以有更多的耐心来观察这个小东西。片刻之后，我发现它在以不易察觉的速度移动着，又过了几分钟，它脚下的那片食痕扩大了。

　　这顶印第安风格的帐篷精致小巧，它的主体结构是中间的细管，但是建造者把竹叶上剩余的干燥表皮切割后按照一定规律固定到管子上，形成了圆锥形的帐篷造型。竹叶上相应出现了彻底的空洞，如果有足够精致的工具把帐篷上的瓦片都揭下来，拼图高手可以补全那两个洞。生物界到处都是生态环保的典范，吃剩的叶面表皮本来是生活垃圾，现在被这个小虫子当作了建材。在人类世界，我们把这个归为绿色建筑。

　　我想拜访一下主人，就摘掉那片叶子，用了点力气把帐篷揪下来。首先看到一段被拉长的固定丝，然后一只针尖大小的黑色幼虫极不情愿地缩回到细管子里了。这应该是处于小幼虫阶段的某种蓑蛾。

我把帐篷放到另外一片叶子上，主人马上迫不及待地抓住叶面绑好丝，开始进行新的收割了。

下午我们去荆竹山雷打石，也就是当年毛泽东宣布三大纪律的地方。随大部队返程的时候，我的鼻子差点撞到树上挂下来的什么东西。定睛一看，两只虫子正打得难解难分。

我很容易推测事件的经过：一只小型跳蛛鼓足勇气扑向一只比它"大得多"的果蝇并死死咬住。由于体型差别悬殊，跳蛛的毒素并没有第一时间放倒果蝇，反而被它带着飞起来。不过由于所有的蜘蛛都随身携带安全丝，跳蛛及时刹车，果蝇被拽了回来，挂在我鼻子前面打转。求生的本能令果蝇拼命振翅，两只虫像一个小吊扇，在我眼前跳着疯狂华尔兹。它们时转时停，但不论果蝇怎么挣扎，小跳蛛就是咬定它的屁股不松口。几个回合过后，果蝇终于咽气，而跳蛛也不用担心吃饭时牙被掰下来了。

# 耳叶蝉的摇摆舞

——

今天我们去位于深山里的古村，湘洲村。

黑尾大叶蝉大量发生。我看到它们停在不同的植物上，而且后备军源源不断。若虫的眼睛很奇特，同成虫完全不一样。成虫的短触须像是给黑亮的眼睛贴上了假睫毛，而若虫看上去却真真的拥有白眼珠和黑眼仁。并且光看头部它很像青蛙，特别是跟花鸟市场里一种叫作彩蛙的小宠物头部几乎一模一样，其实那是非洲爪蟾的白化个体。

拍摄这只若虫占用了我大量时间，并且还不甚满意。因为若虫身上黄色的细节差别微乎其微，用肉眼观看能体会到玉石般的质感，但相机的成像宽容度还不足以解析这些精彩。

这时一只琉璃蛱蝶飞到了三脚架旁边，并很给面子地停留了较长时间。平时它可是非常警觉的蝴蝶，现在我不用挪动脚步，只需低头拍摄就得到了对我来说很宝贵的第一张琉璃蛱蝶正面标准照。

琉璃蛱蝶是翅膀两面的气质差别最大的蝴蝶。正面的配色非常高雅，而反面则很倒胃口。它超越了一般蝴蝶拟态枯叶和树皮的追求，拟态开始发霉的枯叶和树皮。

井冈山的蝴蝶非常多，但多数属于蝴蝶分类的一个大坑：各种外貌极难区分的线蛱蝶、环蛱蝶和带蛱蝶属。如果追拍一只蝴蝶，却很可能搞不清它叫什么，或者搞清楚了也记不住，热情就会有所降低，因此我转而把精力花在其他昆虫身上。

外壳光亮的东方丽沫蝉静静地吸着汁液，粗看上去像一只甲虫；云斑蛛的肚子则像一枚草莓，上面还有一对忧郁的眼斑来迷惑敌人；一只拟鹿角锹甲的雌虫横穿马路，我试图把它拿起来看时感受到一股强大的力量在推回我的手指。


这次我倒不是一个人走在最后。时至晌午，我后面有两位同伴追上来，我们在阴凉处铺开防潮垫坐下休息，吃干粮。我发现裤子上不知什么时候多了一位有趣的乘客。

　　它是耳叶蝉亚科的大龄若虫，超
级扁的梭形身体，放大后就像一块用
剩的绿色肥皂片。模样就已经令人忍
俊不禁了，没想到它还有好玩的行为。

　　这只叶蝉若虫性格温和，完全不像它
那些神经质的亲戚们，一言不合拔腿就蹦。它
在缓慢爬行的时候不介意拦在路前的任何障碍，无论遇到什么都会爬上
去。因此它可以轻易被引到手指上让我瞧个仔细。当它停下脚步，就会
像螳螂那样左右摇晃，先用左眼看看我，再用右眼看看我。仿佛是两眼
之间的那个头部突出物太大了，阻隔了两只眼睛的交流，只能靠身体的
摆动才能获得全面的视觉影像。不过螳螂只是上半身的摇晃，它是整个
身体的左右平移。如果一开始它的右中足摆得太靠外，它往左晃的时候
就会把那条腿拖进来，然后第二拍把太靠左的左中足拖进来，接下来就

是足尖不动的愉快摇晃了！

这么蠢萌的模样谁见了都不想伤害吧。叶蝉科都是跳跃能手，它多少也会一点。动作颇似我们的立定跳远，起跳之前，后腿微微蹬个几下给自己打气，然后头一抬屁股一撅，弹出不到10厘米的距离。

我们站起来准备继续赶路的时候，一只异腹胡蜂从远处游荡过来。它正在路面上寻找可以给巢里的幼虫们做肉粽子的食物。鳞翅目幼虫为佳，其他能剥出嫩肉的虫子也可以。社会性昆虫因为数量众多，难免会存在个体差异，这一只的搜索能力看起来就不怎么样。它在贴近路面几厘米的高度巡飞，触碰任何尺寸同黄豆相仿的小物体，可那都是些石子、木块一类的东西。当它发现不是食物以后就将其抛弃，十几秒钟后再探索下一个。它保持这个低效在路面漫无目的地乱飞，直到撞见一条晒干的蚯蚓。

异腹胡蜂兴奋起来，证明自己的时候到了！它将带回美味的蚯蚓肉！它在蚯蚓身上努力地切割，在不同的部位切割，却什么都没割下来——蚯蚓太硬了，换句话说，它身上已经没有任何对幼虫有价值的部分。最终，胡蜂放弃了这段喷香但咬不动的"博山香肠"，继续它的盲目飞行。

看着它逐渐远去，我只希望它是整个巢穴里最无能的特例。否则，它们的幼虫可要饿肚子了。

下午返程时同车的朋友去双溪口拍蝶。公路的尽头是一座桥，沿山体变为小路。过桥前河边有另外一条小路下去，经过两排废弃的建筑，再穿过极其茂盛的杂草，来到布满卵石的河滩。这里烈日当头，没有任何遮挡。我马上就气馁了，拍摄好草丛中一只黄钩蛱蝶的侧面照，偷偷退回破房子。

一对玉带凤蝶在低空上演求偶之舞，这是令人愉悦的观赏体验。它们是民间传说中梁祝的化身，名字的由来就是雄蝶后翅上像腰带一样的那串白斑。

破房子是溪边两排带檐廊的砖混结构小平房，十几平方一间。原来可能是工棚，前年来的时候被用作鸭舍，靠近路边的山墙处还有水槽可以用。如今水管已经荒废生锈，水槽里布满蛛网。整个建筑被弃用，从窗外可以看到有几间的屋顶都坍塌了。

在极短的时间内，昆虫和蜘蛛占领了这栋房子。我首先注意到，清水砖墙的砂浆灰缝因风化而脱落的外层部分正在被壁泥蜂的巢穴重新填补。它们为幼虫制作粉笔头大小的泥室，比蜾蠃的瓦罐更加厚实坚固；一只蛛蜂拖着新捕到的猎物——被麻痹的蜘蛛——从我脚下匆匆经过，一闪身钻入了墙角的缝隙中；而那缝隙里的爬藤种子已经发芽，幼苗正探出头打量这个世界；一只异腹胡蜂从窗口的破洞飞入室内的蜂巢中，吸引我推门进去看个究竟；鲜有人类打扰的室内是驼螽和蟋蟀这些直翅目昆虫喜爱的环境；不过它们可要时刻当心，在天花板和墙壁的交界处，手掌大小的白额巨蟹蛛正在虎视眈眈。

我举目四望，惊奇地发现天花板上有十几个马蜂窝存在过的痕迹，基本上每个房间都是如此。有一些距离非常近，我认为应该不是同一时期所建。随着蜂巢的不断扩建，重量增加，职蜂会加粗柄的直径，并加强巢体同天花板的联系。这是整个巢穴的根基，非常重要。所以粗柄巢穴曾经的繁荣程度肯定远远超过细柄的。但是在室内环境中，蜂巢不可能分解得如此之快，我推测当这个巢穴衰败以后，次年的新生胡蜂将直接从上面取材建造自己的房子，省去了从自然界咀嚼树皮造纸的辛苦。


古王国时期结束以后，住在金字塔附近的埃及人数千年来把那里当作采石场，罗马的大角斗场也遭受过类似的命运。天花板上的小型蜂巢，也许出于同样的考虑建在了废弃的大厦旁边。但它为什么只发展到一点点大，甚至看上去只培育了第一批职蜂就结束了呢？很明显，是因为种内竞争。

在这些废弃的房间里，异腹胡蜂忠实地上演了即时战略游戏的昆虫版。像很多经典老牌游戏那样，几个玩家（越冬蜂后）随机出现在战争地图（天花板）上，它们的资源来自于不可再生的高能资源（废弃蜂巢）和可再生的普通资源（窗外的自然界）。早期的位置和发展速度是决定性因素，处在地图中间的玩家，因为受到各个方向的攻击，很快失败。因此天花板中央几乎不可能产生大型蜂巢。发展的结果无外乎两个：要么某个最成功的蜂巢成功击败所有的竞争者，独霸一方；要么处于房间对角线位置的两个蜂巢同等繁荣，都没有实力灭掉对方，只得进入表面和平的相持阶段。

这里是异腹胡蜂的战国时代。

如果在地板中央放置广角摄像机进行延时摄影，则可以欣赏到史诗大片在每个房间呈现。

来井冈山这几天，在破房子这里第一次结结实实地被蚊子咬，于是我后退到桥上休息。

一棵枫杨的树冠从桥下一直伸出来倚在栏杆边，在繁茂的叶子背面我发现一只瓢虫的幼虫，它面前摆着一大桌洗干净的奶油提子，那是别人家的卵。食物如此丰盛，它吃得慢条斯理，甚至有些浪费。瓢虫科种类丰富，多数捕食蚜虫，但也不乏其他的口味爱好。这种巧瓢虫属幼虫的主食是榆蓝叶甲的卵，但并不是现在位于它面前的这一堆。

　　枫杨的另外一根枝条上，核桃扁叶甲正在履行繁育职责。雌虫的腹部极度膨胀，外壳的伸张能力已经达到最大。令人担心如果雄虫动作过于粗暴，随时会令它的配偶砰的一声爆裂开来。

　　这个庞大的腹部里面装满了卵。雌性叶甲会把它们粘在枫杨叶片的背面，可惜它们其中的大多数连孵化的机会都没有。这一整棵树都是巧瓢虫的餐桌。

# 仰望星空

——

　　我们住的农家总共三层，一层是餐厨，上面两层客房，屋顶是晒台。每天晚上，酒过七巡，大家会躺在屋顶上聊天，看星星。这里海拔在900米左右，空气清新，能见度自是不用说。巨大的银河横跨天幕，繁星闪烁，引发无限遐想。

　　仰望星空，可以激发创意，荡涤灵魂。30年前某个出门解手的夜晚，还是小学生的我第一次仰望星空，自以为看到了哈雷彗星，后来证明那很可能是我的幻觉；又过了几年，我抬起头发现了"一堆月亮"——我近视了；再后来我看星星的时候，先把它们想象成投影在二维天幕上的不同亮点，然后一瞬间切换到三维模式，感受恒星之间那恐怖的距离；最近几年，每当我仰望星空，我都想象在某个深邃的区域，三体舰队穿越星际尘埃的尾迹在苍穹中显现，越来越近。

　　每天晚上我都躺到快一点钟才回房间，那时候室外已经很凉了，后来我们干脆把席子和枕头拿上去。即将在8月上旬到来的英仙座流星雨的前锋，已经抵达了7月底的地球大气层。流星以每3到5分钟一颗的速度出现，每晚我们都能数到50颗左右。最幸运的是看到了一颗火流星，它在熄灭前的瞬间突然爆炸，伴随着大家的尖叫，视网膜上的虚像久久挥之不去。

　　7月的最后一天也是年会的尾声，大部队从清晨开始陆续返回，我是晚上的车票，因此还有完整的一天。送别了朋友，我和妍姐、海容结为"磨蹭三人组"，来到一条新的路上，开始扫山。在长达6个小时的拍摄过程中，我们总共推进了3公里。

　　刺蛾幼虫凭借一身毒毛，肆无忌惮地在无遮挡的环境里进食和休息。球须刺蛾幼虫可能觉得从头到尾都是毛丛显得缺少变化，于是它取消了胸部某一节的毒毛，把象牙色的无害皮肤裸露出来，还用了深蓝的勾边。在我看来它很像一枚戒指，虽然从位置上讲它其实是刺蛾幼虫的腰带。

　　在一根带刺的植物茎上我发现了更加奇特的虫子。它形似一段极细的枯枝，又像一个对号。其实那是翘起的腹部和特化出夸张突出物的头

部，只有圆圆的白色眼睛显示出动物的特征。这只气质另类的虫子是桨头叶蝉的若虫，这个名字起得真是恰如其分。

这一带圆形网的主角被棒毛络新妇和悦目金蛛所取代。前者是常见的大型蜘蛛，拥有斑斓的色彩和大长腿，此时还是幼蛛，它们要到10月份才会成熟。

后者最为人熟知，它们在网上织出四条类似于希腊字母的装饰带，在某些情形下，想象力丰富的观察者能够拼出正确的单词，甚至短句。因此它们被誉为"会写诗的蜘蛛"。但丝带的主要作用是在白天警示莽撞的鸟类这儿有蛛网，撞上去的话会搞得大家都比较麻烦。金蛛在休息的时候会将八条腿两两并拢指向丝带方向，乍看上去它们只有四条腿。

又到了休息吃干粮的时间，海容看见一只蜂抓着猎物从不远处的树上掉下来。我走过去，看到异腹胡蜂正在料理尺蛾，赶紧一溜烟跑回，用最快的速度把相机从三脚架上卸下来。

胡蜂在专心切割，这时候它不太理会旁观者。不过马路上无处不在的弓背蚁斥候（侦察蚁）很快发现了天降美食，虽然单打独斗它绝不是对手，但依然毫不犹豫地冲上去抢肉。这是缩小版的土狼争夺狮子猎物的场景。异腹胡蜂发现了这个觊觎者，它急忙拖着尺蛾往后退，但这怎么可能甩开尽职的斥候呢？蚂蚁也很聪明，它周旋在距离胡蜂最远的地方，也就是尺蛾腹端，毕竟对方的上颚可不是闹着玩的。而异腹胡蜂控制着尺蛾身上最有价值的部分——飞行肌，暂时容忍了它的行径。两只昆虫都在争分夺秒，弓背蚁首先割下来一块极小的腹部皮肉，赶忙衔着回家了。斥候只是中型工蚁，如果它一会儿带了五六只大型工蚁来，尺蛾就要易主了。胡蜂在5分钟内完成了切割和粗加工，带着肉粽子飞走了。

　　我们起身继续前进时，我的脚步惊动了停在柏油路边缘的一只螈蝉。它振动了一下翅膀让我发现，却没有逃走，只是转了个方向。我注意到它的肋下有两个白色的赘生物，对称地挂在两边，像是歼击机的副油箱一样。这是两个大型寄生虫。

　　从侧面可以看到寄生虫的白色身体也是一节一节的，这是它真正的体节而不是伪装。这是大名鼎鼎的蝉寄蛾，专门吸食蝉类体液的蛾类幼虫——我们毛毛虫家族可不都是吃素的哦！

　　继续赶路，妍姐在甜槠上看到一只小蝴蝶，招呼我来拍。这只斜带缺尾蚬蝶停在高高的树枝上，任凭我在下面百般叫阵，就是不动地方。

　　一只波蚬蝶低低地飞过来，替它这个傲慢的亲戚向我道歉。波蚬蝶的翅膀正反两面几乎一样，棕色条纹形成的黑色缝隙中镶嵌着许多小白点。看到它我总想起来《西游记》里蜈蚣精脱掉道袍后身上的无数只眼。

　　可波蚬蝶也是个难拍的主儿。它们很容易落到植物上，但却不是休息，每隔几秒钟就会转一个角度，因此几乎不可能由我来决定怎么拍，因为刚移动到合适的位置蝴蝶就转身了！而且它也不太会转回刚才的角度，转几次就飞到下一个落脚点。两个地点又离得不远，让人满怀希望地追过去。就这样一直追一直追，走了很长的路可能也没拍到满意的照片，白白浪费了很多时间和耐心。这是调虎离山专用蝴蝶。

海容在路边草秆上看到一排蜾蠃的瓦罐，它们挨在一起，像一串糖葫芦。但是这些瓦罐的制作水平略微粗糙，光看大小就差别不少呢。

但不论如何，它们算是给我此前的螳螂篇画上了句号。

一只毒蛾的小幼虫拽着丝从树上垂下来，这是它遇见敌害的一种紧急逃避手段，等风险过后再吃力地攀回去。幼虫扭动身体，毒毛在阳光下闪烁，远处传来发动机的轰鸣。保护区路边的小规模山体塌方是常有的事，今天就不断有工程车来往。一辆水泥搅拌车驶过来，把毒蛾幼虫连同它所附着的那丛树枝一起撞飞了。

我们三个各拍各的，交替前进。后来轮到我在前面，扛着三脚架信步而行。刚刚转过山路的急弯，一条正在路边干枯的排水沟里盘成团休息的硕大乌梢蛇被我的脚步惊动。它手忙脚乱地从地上爬起来，打开身体没命地逃窜。我还没有练成第一时间把三脚架一扔，然后在飞奔中端起相机对焦的绝世武功，发呆了片刻才开始追赶。这条蛇游走了几米后果断左转上山，等我追过去已经渺无踪影了。

妍姐和我分别发现了竹节虫的雌虫和雄虫。就在海容沮丧地以为要空手而归，在路边等待接我们返程的车时，她在芒草上发现了竹节虫！

四只！！

　　我们花了点时间才弄清楚纠缠在一起的这一堆"竹节"。是三只雄虫正在追求一只雌虫。虽然竹节虫平日里慢条斯理，但为了争夺配偶，雄性也要打上一架。

　　大多数动物的雄性在捉对厮杀时，雌性就在旁边看热闹。通常雌性会同胜利者结合，但有时候两个都看不上，打到一半的时候就不屑地离开了，雄性拼死取得的胜利却是空欢喜一场。为了避免这种情况发生，竹节虫的雄性在打架前会先用尾部的夹子把自己固定在雌虫身上，确定它跑不了后才把身体垂下来专心打架。今天是难得一见的三方混战，这样更难分出胜负。在停战间隙，其中两只攀回雌性的身体，举行谈判。

　　由于感受到我们的靠近，四只雕塑一样的昆虫开始表演它们的拿手好戏：

　　一动不动，拟态竹节。

# 白袍公子

—

　　暑假回山东的前几天，姐姐告诉我一个令人振奋的消息：她在隔壁邹平市的乡下租了一个农家小院，这几年先种菜养蜂，退休后过去颐养天年。这个院子在白云山脚下，因为荒置了几年，如今杂草丛生，已有一人高！这个消息如一丝甘泉，给这个即将因为管孩子而完全荒废的沉闷暑假带来无尽清冽。

　　归心似箭。终于回乡了，卸下行李就催促姐夫快去收拾院子。半小时车程过后，进入村庄。田野中忽然出现无数的白色身影，自在翻飞。我初以为是菜粉蝶大暴发，但车子接近时看到这些蝴蝶的花纹和菜粉蝶并不相同，而且还有长长的尾须——居然是漫山遍野的丝带凤蝶！

　　丝带凤蝶是北方蝶种，雌雄二型，因此它理所当然地成为了《梁祝》传说在北方的化身。凤蝶科作为鳞翅目中的贵族，竟然数以百计地出现在视野里，震撼、惊喜之余，就觉得它们没有那么高高在上了……

　　我所看到的全部是丝带凤蝶的雄蝶。它们一袭白袍，翅脉也是白色，翅面上点缀稀疏的黑点，后翅有一对镶宽黑边的条形红斑。这些白袍公子在田间漫无目的地飘荡，悠然自得。它们好像完全没有把求偶这件事放在心上，一心享受这清新的山野时光。它们飞得很慢，有时甚至冲着我直飞过来，到近前发现有障碍，也懒得躲避，只慢悠悠地爬升，贴着我的额头飞越过去。我甚至看见一只自我陶醉的雄蝶在无风的片刻

停止振翅，缓慢坠落，下降了一米的高
度后才又重新飞起。

雌蝶的翅面以黑色为主，除了后翅的
红斑，同雄蝶并无相似之处。但是它后翅的
反面却是浅色调，所以当它把前翅收拢在后翅里
面的时候就变了颜色。这种变装可以让它在明暗悬殊的两种环境里潜伏。

丝带凤蝶的求偶没有任何激情和浪漫可言。我猜想雌蝶羽化后就
在某个地方静静等待，而白袍公子们则毫无目的地乱飞，相互靠近时也
没有其他昆虫雄性间的敌意。打个招呼，互祝好运，继续自己的"瞎蒙
之旅"。甚至雄蝶遇到飞行中的雌蝶都没有冲上去示爱。直到某一位撞
大运的公子哥发现了停歇在植物上的雌蝶，它才会落下来，没有任何仪
式，没有任何表示，就入了洞房。雌蝶也不拒绝，来的都是真命天子。

交尾开始后雄蝶马上六足一撒，把自己倒挂在配偶身上，什么也不管了，真是懒惰到家。

丝带凤蝶的寄主是马兜铃，应该是它们的繁盛引发了蝴蝶数量的激增。但是我始终没有找到一棵马兜铃。根据朋友的推测，是这次暴发着实凶猛，以至于幼虫在化蛹前吃光了所有马兜铃的叶子。

沿着村道分出的土路上行一小段，就是姐姐租的院子。院子很大，约30米见方，边界由房屋后墙、自然高差和沿路的铁丝篱笆围合。一幢坐西朝东的二层小楼作为院子的附属建筑。我来的时候，传说中"一人高"的杂草已经被工人砍掉，着实可惜。

院子门口有一棵巨大的合欢，花期即将结束。院内有槐、柳、法桐以及几棵果树。引人注目的是院子中央的一棵老柿树，历尽沧桑，主干仅剩残缺的小半，且被蛀虫掏得千疮百孔，树皮干裂如龙鳞一般。尽管如此，它顶部的枝条依然散发着勃勃生机。

院子里的昆虫多样性让我十分满意。路边的铁丝篱笆上爬满了葎草和牵牛花。两只广口蝇正在进行餐后运动。其中一只缓缓吐出食物和消化液的混合物，就像吹泡泡糖一样，形成一个越来越大的液滴。这东西摇摇欲坠，就挂在广口蝇那个小小的口器上，而且它还摇头晃脑，挑拨我的神经。

虽然那个液滴看上去下一秒肯定会掉的样子，但其实安全得很。晾了几分钟后，广口蝇用原来的速度又把液滴吸回去。然后它换个地方，换个姿势，重复这一过程。由于微观世界受重力影响很小，它居然可以嘴巴朝上把这个液滴吹出来。

一只象甲慵懒地趴在灰灰菜（藜）的叶子上。说它慵懒，是因为它没有用腿来支撑自己微不足道的体重，而选择整个肚子着地，甚至还把左前足搭在叶片边缘——敢不敢再晃几下腿？

觉察到我的靠近，这只晒太阳的"看门狗"马上站起来，摆出一副"其实我一直保持高度警惕"的神情。

大门后面，一只刚刚蜕皮的广斧螳正在养精蓄锐。它的翅膀还是半透明的，几个小时后，前翅将变成一片普通绿叶的形象，还有一个浅黄色的霉斑来加强真实感。我在附近的树枝上找到了它们的卵鞘，作为重要的天敌昆虫，螳螂可是受欢迎的邻居。

靠近路边的植物多有尘土，国槐的小苗子上，叶片边缘高起的部分看上去就像是尘土的堆积物。不过它们身上的小黑点打破了这种朴素，让我认出来这是一对正在交尾的合欢罗蛾。听名字就知道，它们祖祖辈辈生活在头顶的大合欢树上。

　　这里存在感最强的昆虫当属点蜂缘蝽，它们是膜翅目的忠实粉丝。在小时候，它们黑漆漆的若虫模仿不起眼的蚂蚁；长大后它们获得翅膀，摇身一变，成了胡蜂的替身。为此，拼命将裤带勒了再勒，生生勒出了个蜂腰。若只看静止时的样子，它与胡蜂只有七成相似，但是一旦它起飞，其姿态和轨迹的相似度在我眼里已经超过九成了，蜂缘蝽属果然名不虚传。特别是几天后，我上山途中经过一处它们集体休息的草丛，裤脚无意中一扫，数十只蜂拥而出，真像踢到了马蜂窝。胆小的必定吓得落荒而逃。

　　不过它们降落以后，区别就明显了。蜂缘蝽一般就保持落地姿势静止不动，或者爬到叶子后面藏起来。但膜翅目都是精力充沛的虫子，胡蜂在降落后必定继续爬来爬去，而后继续起飞。对它们而言只有中转站，没有终点站。

　　斑衣蜡蝉是广泛分布且特征明显的昆虫。它们吸食各种树木的汁

液，但最爱臭椿。虽然此刻它们安静地待在杨树上，但我知道附近一定有臭椿树。它们的前翅以粉色为底，前部三分之二饰以斑点，后部三分之一是细密的砖墙纹理，给我一种亲切感。它们眼睛旁边红色的小球是独特的触角，经常被误以为是寄生的螨类。

我在院子里的老柿树上找到了它的卵块。雌虫会在上面覆盖蜡粉，时间长了，保护层变成褐色，同树皮难以区分。不过小宝宝们在孵化的时候会把卵盖连同外面的伪装一起顶掉，只留下空荡荡的卵壳。

几只黄色的蛱蝶飞过，速度快到无法分辨种类。目送了几次，发现它们都落在了边界处的半大杨树上。我穿过院子里侧杂乱的植被钻到杨树附近，果不出所料，树干上有个一角硬币大小的伤口。这是森林鸡尾酒会的邀请函，各类虫子蜂拥而至。

　　伤口流出的树汁饱含糖分，这种地方往往是"四大门派"（鞘、双、鳞、膜）的必争之地，大家在这里各显神通，甚至大打出手。这一次僧多粥少，双翅目因为体型较小，对抗能力差，没有参加；鞘翅目派来了一对白星花金龟，它们占得先机，一头扎进树洞大快朵颐，小的那只甚至半个身子都进去了；这种捂着锅吃东西的无耻行为气坏了膜翅目代表黄边胡蜂，它召唤了一个同伴，想要用上颚和蛮力把小个子的花金龟从锅里"拔"出来。但是后者仗着自己皮糙肉厚，咬定青山不放松，完全不在乎对方的骚扰：我们鞘翅派的防御能力可不是吹出来的。这时候，黄色的蛱蝶不慌不忙来到锅边，鳞翅派优雅为上，岂可像甲虫那般弄得满脸汁水？只见它缓缓展开虹吸式口器，找准花金龟和树洞间的空隙，从容地伸了进去。

　　这是名声在外的柳紫闪蛱蝶。它前翅那个不大不小的黑斑有些突兀，因此令我印象深刻。它们并不罕见，但要么收拢翅膀停在高处的树干上，要么展开翅膀在高处的树叶上晒太阳。总之，我每次见到它，都只能仰视。

　　它们的成名技乃是靠翅膀正面鳞片的独特微观结构引发光线干涉而呈现出特殊色泽。处在阴影里的闪蛱蝶，在漫反射的光环境下就是一只普通的黄蝴蝶。但是当它往前几步走出阴影，在直射阳光的照耀下，翅面会发出强烈的紫色闪光。

　　闪光的强度跟反射角度和观察者的位置有关。我在二楼的废弃房间里看到柳紫闪蛱蝶翅膀残骸，便拿了片前翅想要带给杨蛙蛙玩。把弄到某个角度时，紫光大盛，绚丽夺目。

　　毫无疑问，这种紫色是求偶的手段，因此雌蝶并不具备闪光的能力。在平原地区和稀树山林，雄蝶有足够的场所来炫耀自己的闪光。但是在茂密的森林里，阳光很难穿透树冠层。偶然照射到地面的光斑成了最稀缺的资源，它或许能维持几分钟，抑或十几秒后就消失。为了登上这转瞬即逝的舞台，拥有闪光鳞片的蝴蝶骑士们不惜拼死一战。

# 一个人的年会

—

有很多地方的山都叫白云山。文中的这一座位于山东中部的邹平市，主峰高700余米。在我出生的小城周村（县级市），由于建筑低矮和北方平原城市严谨的方格网状布局，站在任意一条横向的马路西望，都能看到20公里外白云山挺拔双峰形成的天际线。所以此山虽然隶属他市，却成为周村人心中的城市烙印之一，也是有关乡愁和地区凝聚力的重要符号。

整个暑假的前面四分之三都在接送杨蛙蛙这件事情上疲于奔命，完全没有时间参加自然影印的第五届年会。可喜的是，由于诸多原因，今年的年会并没有如期举行。

但是年会于我意义深远。除了聚在一起喝酒寻虫，聆听老师教诲，我更需要在大自然中洗去尘世间一年的污垢和疲惫，让造物的子民帮助净化我的灵魂。于是我郑重决定：在白云山举行我一个人的年会。

一切都要像模像样。我起了大早，全副武装，带了适量的水，去包子店买了中午的干粮。姐夫有事上午去不了，我打车前往，一路上心中充满悲壮。

姐姐的院子在海拔230米的地方。院门锁着，不过铁丝网的爬藤上虫子也不少。我老远就看见葎草上有一只怪模怪样的蚂蚁，感觉不同

寻常，于是迅速进入状态，从两米外就开拍。等我近到能看清细节，展现在我眼前的是一幅安静的画面，蚂蚁所有的附肢都抵在叶子上，呵护着下面那只胖胖的红蜘蛛。它低着头，红蜘蛛的触角碰着它的上颚，两只跨越了纲级分类阶元的虫子仿佛在窃窃私语。

这片叶子刚好与我的眼睛同高。我从正侧方拍摄，除了这一对虫子，视野里全都是虚化的绿色。这个童话般的场景可真的难住了我，它们到底在干什么呢？

其间，另外一只蚂蚁经过，礼貌地过来用触角打招呼，但是没有得到任何回应，于是它失望地走开了。我心中生疑，通过进一步的观察，真相浮现，绝非那么浪漫。其实这只蚂蚁已经死了，它一直保持着这个僵硬的状态，而红蜘蛛只是把它看作一个怪异的凉亭，过来歇歇脚。

大豆网丛螟的幼虫通过在叶缘两侧拉丝把叶片收拢，制作了一个简单的丝巢。虽然这间简易房连遮风挡雨都做不到，但却能给毛毛虫很大的安全感。它饿的时候就去附近找东西吃，吃饱了就回家休息。

在路边遇到另一只倒霉的同类毛虫，鞍形花蟹蛛在它的丝巢里高举屠刀。可蟹蛛属于守株待兔型的猎手，它怎么会闯入别人家里去追捕呢？

我的猜想是：蟹蛛本来是在毛虫家附近蹲点的，刚好遇到了外出就餐的毛毛虫，于是毫不犹豫地向这个巨大的猎物下手了。而毛虫因为构造简单，毒液起作用慢，暂时还具有一定的行动力。"回家"，是每个受伤者的强烈愿望。这只毛虫在弥留之际，靠着神经节中那一点微弱的记忆，愣是把自己的敌人也拖了回来。

水泥路在最后一个农家乐那里戛然而止，一下变成了一尺宽的土路，大半被草丛掩盖；接近成熟的棒毛络新妇是结网蜘蛛中的优势种，它们占据了所有的树权；一只牛虻从一开始就跟着我，吸食我裤子上渗出的汗液，我一直担心它忍不住叮我一口。

我也想拍一点花朵给喜欢植物的朋友们看，可惜现在过了花季，除了犹抱绿叶的淡紫色牵牛花，就只有零星的红蓼在田野里大胆吐露心

声；短栉夜蛾扑腾着引起我的注意，虽然它模仿的枯叶并不十分可信，但强烈的明度对比也给我带来视觉愉悦；天气闷热，我在路边的大石头上休息进餐，这时候我发现背带上有一只极小的蜱虫，摇晃着前足想要搭到我身上来。这是个不受欢迎的访客，我把它弹得远远的。

我隐约感到旁边的葎草叶子上有一粒红豆和一粒绿豆在一起，赶过去一瞧，原来是一只三突伊氏蛛捕获了一只伪叶甲。这只伪叶甲也够倒霉，它差一点就逃走了。最后一刻，蟹蛛咬住了它左后足的"脚指头"。

从这个地方输送毒液是非常慢的。估计蟹蛛也不饥饿，它开始像猫科动物那样玩弄自己的猎物。它先把所有的腿都张开，给伪叶甲一个可以轻松逃走的假象。这时候，伪叶甲从假死的惊吓中缓过神了。它惊喜地发现自己居然还活着，而且完好无损！于是它晃晃触角，活动一下关节，迈步就走。但是狡猾的蟹蛛立刻把它抱了回来。这只蟹蛛的右前足缺失了，它不得不把平时用来走路的右三小短腿临时拿来当手用。

　　几只黑色的"苍蝇"在我面前打架。本着不放过任何一次普通邂逅近的这个原则，我低头靠近观察。果然，不是苍蝇，乃是常见的星斑虎甲。作为虎甲科里最难看的种类之一，它们这一身暗色紧身衣真的简陋到家了。

　　我放大照片，看到了有趣的事情：它各个附肢的末端居然闪耀着跟其他虎甲同样的金绿色光芒！就好比大自然这位陶艺师傅在烧制虎甲作品的时候，先统一给它们做一个粗糙的暗色陶坯，然后放入混合了五彩金属粉末的釉药里去挂釉。轮到星斑虎甲挂釉的时候，釉药用光了。于是这位师傅就捏着它的身体，用腿和下巴凑合擦了擦釉药罐子：一点点金彩也聊胜于无吧。

　　泥蜂在石块间灵活地钻来钻去寻找合适的筑巢地点，可惜我今天只是一个过客，不能陪它一起探险；小蝗虫趁着今天湿度大，在叶缘小心地脱去旧衣裳；缘蝽的卵在杂草丛中熠熠生辉，像财神爷甩落的汗珠子。

　　其实我甩落了更多的汗珠子。我把北方的夏末想得过于乐观，没有带扇子和擦汗巾。今天一丝风都没有，我不断用袖子和帽子擦汗，第二天两个小臂上全是痱子。而且山路一直倾斜向上，没有任何平整的地方可以休息。当看到鞋面和裤脚有了越来越多的蜱虫，我终于决定要返程。

充其量我也就从姐姐的院子爬升了100米左右的海拔。在我决定转身的那个地点，我低头看见叶子上有一只个头中等、其貌不扬的象甲。

象甲科是鞘翅目乃至昆虫纲最大的科之一，全科超过6万种。在第一时间装死跌落是它们的成功秘诀。我仅仅是为了回去前的最后一拍才把镜头对准了它，心想若这个不懂事的模特放弃这个露脸的机会也罢。

这只象甲明显感觉到了我大大咧咧的逼近。不可思议的事情发生了，它不但没有退缩，还把两条前腿拧到身后，做出快速开合的动作。它一直对着我抡胳膊，如果我把它的背面看成是正面，那分明是一个拳师在摇晃双臂叫嚣："来啊！来啊！"更可气的是，它居然都不正眼看我！

我这暴脾气怎么受得了如此轻蔑的挑衅！二话不说从边上折下一根
荏草的嫩芽，叮叮当当跟它干了起来！这象甲临危不惧，攻防有序。荏
草若从后面接近，它就用后足格挡；荏草若从前面接近就用前腿劈挂。
好一套南拳北腿八卦连环掌。打得难解难分之际，它竟一脚踩空，半个
身子掉到了叶子下面。我心想这个台阶真好，赶紧逃命去吧。没想到这
家伙居然一个鱼跃，从叶背冲了回来！被它豪气冲天的气势所慑，荏草
最终低头认输。

　　这位象甲老兄，我敬你是条汉子。不过你真的能赢得下一场对阵吗？

　　下山的路上，一对交尾中的小型食虫虻从我面前飞过，挂在不远处的
草丛里。它们身材细长，让我误以为是姬蜂虻。它们是警觉的小昆虫，但

是今天的这一对沉浸在二虫世界里忘乎所以，没有觉察到我的靠近。从我眼前飞过的蝴蝶约有五六种，只有一只蛇眼蝶给了我拍摄机会，这是我自己的新记录。

下山的速度很快，不一会儿我就到了水泥路上。一只平腹蛛像黑色的闪电一样在地面快速跑动，偶尔停下来几秒钟观察环境。它的身体结构充满了动势，就像哥特式建筑每一个构件都指向天堂，平腹蛛所有的力量都指向前方。

# 马陆之吻

——

离开山东前几天，白云山上的院子初步整理好了，姐姐邀请父母过去参观。大家在凉亭下面喝茶，我趁最后的机会拍照，杨蛙蛙也找到了持久的乐趣，拿着一根直蚊香到处点虫子玩。

屋角有一棵紫薇，因为花期很长，本地人称之为百日红。满树的花朵除了吸引附近蜂场的蜜蜂，还招来了五六只大块头的黄胸木蜂。它们飞行时发出巨大的嗡嗡声，曾给我的童年留下深深的阴影。当时它们在我家对面储藏室的木檩条里做窝，逼得我白天几乎不敢出门。

　　那些我认得出的昆虫，它们的中文名直接体现了寄主植物的特点。粗壮的桑天牛，身披豹纹的桃蛀螟，还有昆虫界的小白兔：杨雪毒蛾。院子西南角是蚊子的大本营，早上它们安静潜伏在各个叶片下面，到了午后便开始一拨拨荡出来害人。我趁它们认识我之前躲得远远的。

　　前几日姐夫发了几张模糊的照片，说是杏树上的害虫。我一看那个庞大的绿色身躯，就脱口而出：绿尾大蚕蛾！这是我耳熟能详但是从没拍过的虫子。不过在我看到照片的时候，它们已经被姐夫变成了肥料。

　　今天我找到那棵低矮的杏树苗，只见叶片细小稀疏，怕是藏不住任何幸存者了。就在唏嘘之际，我看到一只小飞虫在空中一上一下地悬飞，幅度一个半体长，就像在跳一支"出列"和"归队"的舞。

我顺着它出列的方向，在一尺远的下方枝头上找到了停歇的雌性。绿尾大蚕蛾的幼虫用它的生命作为交换，指引我来到食虫虻的求偶现场。

　　雄虻就这样颤抖着悬飞一两分钟后，突然向雌虻猛冲过去，惊得雌虻连忙横向飞出。两只虫在空中纠缠片刻，然后雌虻回到枝头，雄虻返回原来的空中舞台继续跳舞。

　　中午，我们去最高处的一家农家乐吃烤全羊。酒足饭饱之后，便在附近闲逛，享受山林野趣。在下山时，我无意中瞥到路边杨树上一对正在"缠绵"的马陆。

　　这是一对马陆目山蛩科的燕山蛩，俗称金环马陆。它体节上的金边没有包裹整个背板，从背部延伸到身体侧中线位置就停止了，是个半环。我十分庆幸听了姐夫的建议，吃饭时把装备都放车里带来了。于是我飞快地跑回农家乐的场院，从后备箱掏出相机和三脚架，并且在返回

的路上就把它们都组合好。

　　我在路边以舒服的姿势逆光拍摄。当时的光线角度非常完美，高光的位置恰到好处地勾勒出它们身体的轮廓，而把那些令多数人恐怖的细节隐藏在暗部。得到这张照片，整个人马上变得心情大好。

　　并且，画面定格以后，我的脑海中马上联想到了与之相似的作品：现代雕塑之父罗丹的代表作之一——《吻》。

我们积极乃至疯狂扩展知识面的目的之一，就是在接收到同样信息的时候，能有更深层和广泛的体验或享受。如果你对这个雕塑有所了解，更进一步，如果你熟悉罗丹和克洛黛尔之间纠结的爱情，就会像我一样，在这对紧紧相拥的节肢动物轻轻摇晃时，它们的每一个角度的变换，都让我想到雕塑的对应角度，想到那份疯狂、深沉和纠结的爱情。

我观察到节肢动物门中，只有昆虫纲演化出了交尾行为，其他类群都是间接完成的。雄性马陆通过位于第七节的特化的白色交配足插入雌性第二节的生殖孔内完成受精，这个体节位置上的不同自然地造成了视觉上的最萌身高差。

拍摄完毕，我心满意足地返回自家院子。而这一对情侣，如果没有更强有力雄性的干扰，将抱在风中，摇曳数个小时。


院子里本来有非常多的黄蜻，它们在有阳光的地方随机散布，很少长时间停留。黄蜻是太过常见的昆虫，我直接忽略了它们。不过当我们在凉亭喝茶的时候，我偶然间看到它们的战线聚拢起来，在贴着老柿树北面一小块几平方米的地方召开空中会议。

这个现象不同寻常，那里必定有吸引它们的东西。我抓起相机奔过去，仔细地搜索离地一米高的空域，不过没什么发现；我把注意力转向地面，很快找到了原因。在靠近树根的松软泥土上，一群身形微小的婚飞蚁整装待发。带翅膀的雄蚁和未来蚁后们焦躁不安，想要冲上天空，完成神圣的婚飞。不过这事儿它们说了不算，每只有翅蚁身后都有一两只更加矮小的工蚁相伴，有的工蚁甚至抱在它们的翅膀上。工蚁审时度势，确定起航的最佳时机。没有工蚁的命令，婚飞蚁只能停在地面。那些狂妄自大贸然升空的王子公主，马上就会被头顶的黄蜻攻击队杀得片甲不留。

工蚁们非常谨慎，它们甚至会审时度势好几天。而且这些蚂蚁实在是太小了，很难拍清楚。我打算离开，不过目光马上被老柿树上一只黑黄相间的虫所吸引——警戒色就是如此引人注意。这是一只正在钻探的日本褶翅小蜂，体长超过一厘米，已经算是褶翅小蜂科里的巨人了。

一般寄生蜂的体型会分成两类，一类拥有修长身材和长产卵管，另一类则是粗短身材配短产卵管。褶翅小蜂有点不一样，它有一个短短的身体和一根超级长的产卵管。这根产卵管实在太长，以至于在不用的时候要从腹部继续往后绕，一直绕到后背，甚至超过了胸部位置，指着头部方向。

每隔几分钟，这只褶翅小蜂便把产卵管拔出来收回背上的鞘里，在附近小范围内走动，就像一个在火车上久坐的人起来活动筋骨。然后它回到钻孔附近，用触角仔细敲打，确定下面寄主的情况，再次进行钻探。

既然它不能像别的拥有细长肚子的寄生蜂那样通过抬高腹部末端来插拔产卵管，那么它如何操作自己超长的工具呢？我拍摄了过程，但是一开始并没有看懂，因为那看上去太不符合常识了。经过仔细观察照片，我终于推断出它的工作原理。


它采取的方法匪夷所思。

它把腹部脱臼，超长的产卵管中段直接由后方顶出体外！有一层脆弱的薄膜把内脏和空气隔开。

在分析图中，我把它的腹部分为三个部分：橙色的上腹部（产卵管根部固定于此内）、蓝色的下腹部（包括产卵管端部保护鞘）和紫色的产卵管根部保护鞘。平时这三个部分紧密贴合在一起（对页左图）；在钻探时，它把多余长度的产卵管从背部甩到体外，竖起来的根鞘得以握住产卵管的尖端，靠体内囊泡收缩产生的动力来打钻（中图）；随着

工作的持续进行，产卵管不断深入，背后像发条一样的产卵管圈逐渐缩小，下腹部得以重新扣回去（右图）。当它需要拔出产卵管时，这些程序便重新运行一遍。

　　褶翅小蜂的后腿粗壮且布满锯齿，显示出它具有一定的攻击性。一般都是雄性装备有经过特化的武器，雌性小蜂的大粗腿是干吗用的呢？

　　每一个寄主的巢穴都是一个地下宝藏，不免会引起游手好闲者的觊觎。雌蜂在钻孔的时候经常会受到同种或者其他种类雌蜂的干扰，这时候它们可以在不拔出产卵管的前提下用强有力的后腿蹬踢来犯之敌。

但是当事态升级，对方争夺意图明显的时候，它就只能先暂停手头的工作，把产卵管收起来，同骚扰者大打一场。

法布尔在《昆虫记》（全译本）第三卷第九章对褶翅小蜂做了难以超越的长期细致的观察记录。

褶翅小蜂科寄生于独居的膜翅目昆虫，比如切叶蜂和木蜂。钻探是一个辛苦的过程，通常会超过一个小时。它全神贯注于这项工作，我把脸贴上去看也丝毫不受影响。我的视野逐渐扩大，开始仔细打量这棵千疮百孔的老柿树。上面的羽化孔我不敢轻易断言其主人，但是除了这些，我注意到树干上另一种迷人的纹理。它们是一些平行的细小沟壑，沿着树干的方向，时而抖动，时而盘旋，夹带着深浅不一的坑洞。我猜

想除了树木的自然肌理，有些图案的产生要追溯至这棵树的外皮还完整的时候。从那时起，蛀虫便在两层结构间开掘隧道并彼此保持间距，等到外皮终于脱落，它们的地下城市规划才大白于天下。

这些旋涡般扭转的轮回让我想起另外一件更加著名的艺术作品。

没错，就是梵高的《星夜》。

# 初遇虎斑蝶

—

国庆中段,杨蛙蛙的幼儿园同学组织了一场小范围聚会。家长们克服困难,调整行程,在蕾宝的上虞老家欢聚一堂。小朋友在房间里追逐打闹,爸爸妈妈在阳光房喝茶聊天。临近傍晚,我起身去花园里碰碰运气。

蕾妈是欧月的狂热爱好者,把偌大的花园打理得美轮美奂。花农心中自然容不下虫子,我看到了一个寂静的秋天:围栏外不小心翻进来的叶甲,停歇了片刻就匆匆翻出去了;胡柚叶片下面的粉蝶卵已经干瘪;蔷薇叶上的卷蛾奄奄一息;掉落的灰蝶尸体被红叶石楠接住;拥有美丽复眼的水虻正仰面朝天在木绣球宽大的叶子上无力地蹬腿。

对于我调查报告的前半部分,蕾妈非常满意。作为花农,她要告诉虫子们谁才是这个花园真正的主人!

然而总会有虫子不惧艰险。食蚜蝇在三角枫的枝叶间高高翱翔,每天的飞行课它们从不缺勤;盲蝽靠精美的保护色隐于柳叶马鞭草的花穗;被多数人当作蜂鸟的长喙天蛾在门廊下的蓝雪花中穿梭,炫耀自己长长的喙管。

次日我起了个大早,到宾馆阳台舒展一下,发现栏杆望柱上有一只小不点的拟壁钱。它利用这里内凹的线脚搭起自己简单的丝巢,此刻正在家中美美地休息呢。

拟壁钱是常见于室内的小型蜘蛛,它们的名字来源于一种叫作壁钱的

模样相似的亲戚。后者在墙角结厚实得多的白色圆形网，乍一看会让人以为自己走运在墙壁处捡到了硬币，故名。

我慢悠悠地搭好装备，把拟壁钱恬静的样子留在相机里。隔壁阳台的房客正在好奇地打量我，我可得装得专业一点。

虽然镜头中的小不点一副柔弱且与世无争的样子，但它其实是个不折不扣的微型杀手，拟壁钱出击的时候能让所有的小型昆虫明白什么叫"束手无策"。

今天的节目是去上虞岭南乡打栗子。沿百悬线开了几十公里来到下许村，在农家等候吃饭的时候，我在路边桂花树的叶子上发现了四枚大个头的枯叶蛾卵。它们已经处于发育后期，原来的颜色已经不可知，因为现在是透明的了。

造物主在微小的枯叶蛾科的卵壳表面，用单一的白色笔触练习平面构成。照片只能拍到一个角度，不过这位母亲在放置第三枚卵的时候把它旋转了180度，我可以推测出它的白色条纹是以棒球缝线样式为基础的。缝线把棒球分割为两块完全相同的表皮，它们拼合起来构成一个完整的球体。蛾卵是椭球体，所以这两块略有不同。缝线总共有四个圆心，在卵体长轴顶点处有两个小圆环，短轴上部顶点是一个略方的大圆环，下部顶点粘在叶片上看不见。

其实我们用橡皮泥做一个类似的棒球，再围绕四个圆心画小圆，然后把它按扁一点，大体就是这个样子了。在侧面两条圆弧间，有一条单独的线段填补这里的空旷。相比之下，一个月前在衢州常山拍到的蛾卵纹路就简单多了，三个水平的白色圆环，中间的略粗并留出两个小孔。白色纹路全部闭合，没有独立的线条。

小朋友们雄赳赳地擎着蕾爸从村民那借来的长竹竿，走向南侧的乡

间小路。他们走过农家，走过猪舍，走过金黄与翠绿相间的小块稻田，在溪水边有几棵栗子树正在招手。

稻缘蝽栖身于遍布田埂的知风草丛中。虽然它们身材纤柔，但知风草的颖果更是小得可怜，于是它们成了躲在竹竿后面的狗熊，一览无余。

我赶到栗子树旁，看到叶子上垂下来一根加粗过的丝线，末端有一个带花纹的茧子。这是悬茧姬蜂的作品。一般的寄生蜂，幼虫成熟后都会在寄主毛虫的体内或体表作茧化蛹，若这时失去行动力的寄主被鸟类发现吞食，蜂也就陪葬了。悬茧姬蜂选择在附近化蛹，并且靠一根悬丝远离危险。丝线长短不一，今天的这根长度接近15厘米。

脚下的草丛里，一只狡蛛正在戟叶蓼上休息。它的左后足轻轻搭在隔壁伸过来的草叶上，像是为自己找了一个搁脚凳。它的背面是深咖啡色，腹面和步足都是浅褐色，二者被侧面的一条浅黄色带隔开。这条色带从头胸部发出的时候是平滑的，到了腹部开始抖动，变成小波浪的样子。就像香炉头顶的一缕青烟，初出笔直，而后袅袅。

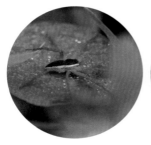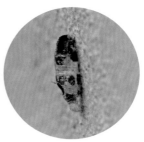

在农家墙上的一只斑翅草螽，背部配色同狡蛛有着异曲同工之妙。另外一面墙上有一只毛虫的躯壳，寄生蜂已经掏空了它的身体，在其内部化蛹、羽化，并咬破了背部的皮肤，钻出来飞走了。而毛虫身上的斑纹同几百米外栗子树上的悬茧姬蜂蛹何其相似。

虽然造物主在设计美学方面有着无限创意，但很明显他更偏爱其中的几套成熟方案，频繁使用。

靠近溪水的路边有比较多的苍耳，这是小学生熟悉的植物。肉眼看不清的刺尖的倒钩是它们旅行的车票。

我在专心拍摄苍耳的时候，感觉右边有什么东西比较扎眼，好像是谁把一片鲜艳的广告纸扔到草丛里了。我转过头去的时候，看到的仍是一张平平的纸片，过了一会儿我才反应过来，居然是一只虎斑蝶！

我低下头，大口喘了几下粗气——这是我与斑蝶科的第一次接触！在老的分类系统蝶类12科中，除了生活在高海拔区域的绢蝶科，其他的都很常见。但是阴差阳错，我就是从来没见过斑蝶科的种类。它们中间最著名的黑脉金斑蝶（君主斑蝶），迁徙距离长达5000公里，如今的小朋友们对其了如指掌。

此刻恰好一位老农扛着锄头经过，我难掩兴奋，迫不及待地同他分享屏幕里的蝴蝶：

"看！您见过这种蝴蝶吗？"

"见过。"

"啊？那您管它叫什么呢？"

"花蝴蝶。"

"呃，那别的蝴蝶叫什么呢？"

"花蝴蝶。"

虎斑蝶距离我只有三米，中间隔着一片苍耳灌丛。虽然我的户外服可以在茂盛的草丛里踩出一条路，但可能没人敢在苍耳灌丛面前如此放肆。我按下第一次快门，没想到它对闪光灯高度敏感，我梦寐以求的蝴蝶在给了我惊鸿一瞥后，头也不回地飞走了。

但是我一点也不惋惜。每一次的遗憾都是下一次的希望。

天阴得厉害，才下午三点多红蜻就在找寻睡觉的地方了。硕大的雌性斑络新妇已经成熟，在它的巨网上等待猎物和配偶。樟树上聚集了一群

麻皮蝽，这是最常见的半翅目昆虫，南方叫"臭屁虫"，北方称它"臭大姐"，我的周村老家叫它"臭当啷"。总之脱不开一个臭字。

它的若虫看上去也是灰乎乎的一团，但细节很经得住推敲。很多昆虫的身体上有着鲜艳的色块，但是因为它们尺度太小，有时候还同相邻色块互为补色，所以在人类的眼睛里，这些色块就融合到一起，变成灰突突的样子了。

这和用颜料调色是一个道理。用红色和绿色会调出深灰色，不过在显微镜下，颜料颗粒依然保持自己鲜艳的本色。

微距摄影则让它们原本的颜色显露出来。

在我决定要离开的时候，一只小黑狗沿着我来时的小路溜达过来。它东嗅西嗅，并不是在找食物，反倒对草尖的世界比较感兴趣。它甚至去观察知风草上的缘蝽部落——这是一只同道之狗。

# 螳螂的噩梦

—

诸暨的朋友一直邀请我去刷山。杭州过去很方便，得益于高铁，各种交通工具加起来一小时左右抵达。国庆前，我得了空，被朋友引至五云岭，这是五泄景区的后山。一行四人除了我这个虫控，另外三位都是植物爱好者。这是我第一次同"植物人"（植物爱好者的昵称）一起刷山，发现虽然大家都喜欢欣赏自然，套路却有所差别。视觉算是我们的主要搜索感官，植物人或许用得上嗅觉来分辨花香，但是对于听觉，他们毫不在意。

丸子姐将我们放在山脚，然后驶去山路中段的停车场等我们会合。慧姐和小徐一下车就开始研究路边的绞股蓝。它的小小花朵肉眼几乎看不清，而它的忠诚食客，有着与之匹配的渺小身材的三星黄萤叶甲，在上面悠闲地进食。忽然，某个密实的东西从上方山坡滚下来，一路窸窸窣窣地压迫杂草枯叶，最终停在他俩面前一尺的地方。两位植物人浑然不觉，继续讨论，这让我感到非常诧异！因为视觉只覆盖很小的范围，而听觉没有死角，它能揭示新知，警示危险。我搜索声音停止的地方，发现了一对白色的大蜗牛。它们在交合的时候忘乎所以，失去重心从坡上掉下来了。

蜗牛是雌雄同体的动物，但是它们自身不能产生后代，需要抱对交合完成异体受精。这对蜗牛并不是常见的种类，它们是左旋巴蜗牛。

出于某种尚未证实的原因，地球上绝大多数不对称贝类的保护壳都是右旋（顺时针方向）。陆生贝类——蜗牛（包括蛞蝓）的正式叫法——大约只有5%的种类是左旋，也就是逆时针方向。

蓖麻的大叶子上有一只小个头的螳螂，体长3厘米左右。但它的翅膀告诉我它已经是成虫了。它看起来还没

有旁边的一只普通蝗虫强壮。这只褐缘原螳只能捕捉比自身更小的猎物。

经过村民垒的灰色石头墙时，我远远瞧见一只灰扑扑的蛾子从砖缝里翻上来。前面的两位植物人再一次没有任何反应地走了过去，他们的另一个特点就是：从来不看没有绿色的地方。

对我而言，这不是普通的蛾子，它是之前一直出现在"别人的相机里"的豹裳卷蛾。超级华丽的斑点外衣，在远处可以巧妙地融入杂乱无章的环境里，近处则让捕食者"眼花缭乱"。我开玩笑地说，拍完这只蛾子我就可以回杭州了！

不仅如此，它的头部非常低调，斑纹同身体保持一致，没有什么变化。翅膀两侧衬于黑色鳞片上的一长列白色短条纹都略向前倾，而到了翅端的最后一对，却指向后方。尾部则用橙色和红色进行了强调，这些措施使得尾部更像是伸着白色小短腿、瞪着猩红大眼睛的怪物头部。

这是很多弱者为应付已经被捕食者发现的情况而提前采取的措施："首尾互置"。捕食者（鸟）通常会对准头部进行攻击，模拟假头的空荡荡的翅膀承受这一啄，然后昆虫通过跌落等方式逃脱。翅膀的长度一定会超出下面保护的脆弱腹部，假头要超出一定的安全距离，才能保证被啄时只造成翅膀的破损，而这些局部破损通常不会影响飞行能力。只不过假头的伎俩用一次就没了，接下来只能用真头去坚强面对。

因为我们久不出现，丸子下来接应，还描述了在停车场看到的"螳螂大战蚯蚓"的惊险景象。起初，我还沉浸在自己的发现里而没有在意。

路边有一棵手腕粗细的竹子可能因为影响通行而在一人高处被砍断，上半截倒向山坡。断口恰在一个竹节的上方，这个天然竹杯里存满了雨水。我踮起脚望去，几十只伊蚊的幼虫正在里面欢畅游泳呢。灭蚊工作之所以任重道远，就因为蚊子所需甚少。它们从小忍受清苦的生活，只要一丁点的水便可完成幼虫阶段。等到披上成虫的美丽外衣，它们便开始纵欲行凶了。

在太阳下赶路的时候，我的脑子里开始思考丸子说的"螳螂大战蚯蚓"。我忽然想到一个可能，然后打听出现场的螳螂并没有使用自己的双刀，蚯蚓的身体也不是贴在地上。不出所料，她看到的并不是蚯蚓国的民族英雄，而是螳螂一族的噩梦——铁线虫。

山路边就是溪水。来到停车场，丸子看到的那一对冤家已不知所终，但是越来越多的螳螂出现在山路上。大多数是体格粗壮的中华斧螳，少数为身段修长的中华大刀螳，这两种大型螳螂都接近10厘米长。它们朝着下山的方向，昂首挺胸，步伐坚定，透露出顶级杀手的威严，可是我知道那全部是失去了灵魂的"僵尸"。

这些螳螂被铁线虫寄生。臭名昭著的铁线虫属于线形动物门，它们微小的幼体生活在水里，伺机感染水生昆虫的稚虫或幼虫。当水生昆虫羽化为有翅成虫，它们在陆上扩散，并有很大概率成为螳螂的食物。螳螂狼吞虎咽的同时，没有嚼碎的铁线虫也进入了它的体腔。等到铁线虫发育成熟，便需要回到水中产卵。这时候，它会用一种神秘的方式驱使寄主疯狂地寻找水源，并且投水自尽。铁线虫则刺破寄主的腹腔，钻回自己出生的地方。

　　山路上的螳螂如此急切，只为了慷慨赴死。有些甚至采取边跑边飞的方式。要知道螳螂之孤傲，甚至在面对天敌时也不屑于动用自己的翅膀。

　　螳螂目昆虫具有强大的攻击性。它们能够利用保护色隐藏自己，利用摇摆步靠近猎物，利用大而宽的双眼形成的立体视觉锁定猎物，利用仅需42毫秒的挥刀动作发起闪电袭击。这一切的前提，是隐藏自己。因为螳螂

的防御性很差，正面对抗未必能占到便宜。所以，当一只中华斧螳在光天化日下威风凛凛地站在竹篱顶端，我知道它的命运不再受控于自己。

关于螳螂投水之谜，《中国螳螂》一书认为是因为铁线虫极大增强了寄主的趋光性，使得螳螂拼命寻找可以反射天光的物体，比如水面。但是山路上有非常多的铁线虫的干尸，为什么它们要提前结束螳螂的生命，顺便也结束了自己的生命呢？在同朋友讨论时，罗帅说可能是山路上的雨水让它们判断错误。这也符合当地的天气情况，除了我来的这天，诸暨一直在下雨。铁线虫在地上的行动力极差，它们自己是不能找到水源的。

这一段路我们无心拍摄，只是小心绕过赶路的螳螂，不踩到铁线虫的尸体。后来我们终于看到了同归于尽的场面，螳螂体内有时不止一条，最小的铁线虫还在无助地挣扎。

继续上行，溪水干枯，僵尸螳螂渐少。然而出乎意料的是，豹裳卷蛾的出镜率越来越大，而且大多数作为猎物出现在棒毛络新妇的网上。据我粗略统计，一半这种蜘蛛的网上是卷蛾，另外一半则是基本不重样的其他昆虫。蜘蛛把卷蛾缠起来，将一幅扁平的点画作品卷成一个纸筒。凑巧的是，棒毛络新妇的腹面斑纹也是点画风格。

当我拍摄更多的照片时，灵感一下子被激发。豹裳卷蛾被处理后，尺寸和纹理都同棒毛络新妇的躯干惊人地相似！我于是大胆地想到一种可能性：蜘蛛会不会故意把卷蛾扮成自己的样子，然后将其作为分身挂在副网上迷惑它的鸟类天敌，从而保全自己？

如果推测成立，那么这也是一种拟态行为。拟态有很多种类，比如某些雌性萤火虫模拟其他种类雌性的光信号，等那些倒霉的雄性过来求偶时趁机吃掉它们。这种模拟自己的猎物以便取食的行为称之为攻击拟

态。而我猜测的用猎物模拟自己充当替死鬼的拟态是否存在呢？我已经迫不及待地想给它起名字了！

完全成熟的雌性棒毛络新妇，背部图案会变为绿色的"丰"字纹样。但是它们的腹部图案始终是斑点纹，并且有两道红色的底衬，这同豹裳卷蛾背上的那两道何其一致！

经过广泛讨论，这个猜测因为太过玄乎而可能性极小，真要验证的话需要设计严谨的实验并且收集大量数据。不过，作为来自其他领域的昆虫爱好者，我必须保持我的想象力，给专业的老师们提供各种出其不意的见解。

走过一片番薯地时，有一根番薯藤攀到了山路上。小徐敏锐地发现了在叶子下面乘凉的芋双线天蛾幼虫，圆了我们此行的一个期许。它身体上排列了七对眼斑，前两对最为具象。它以极高的出镜率成为2017年的网红昆虫。

天蛾幼虫已经吃到不能再饱，小火车一样圆滚滚的身子都要把皮撑破了。我们发现它的时候它刚刚排出一粒黑色湿软的粪便，在被我们把玩了一圈以后，它又排出了一粒墨绿色的，这是要化蛹的标志。它即将钻入土中给自己打造蛹室。

因为没有携带容器，丸子把它放在一根横着的竹竿上。等我们下山回来，再也找不到这个大胖小子了。

接下来排头兵小徐又发现了肩膀上长眼睛的眼斑齿胫天牛，看来他跟眼斑缘分不浅呢。所有的眼斑都是用来吓唬鸟的，小徐的视觉特点无疑跟鸟眼有相似之处。

　　我们在河床的大石头上吃过干粮，再往上走一段就返程了。由于体力下降太快，下山的时候我走在后面，基本上只赶路不拍摄。这时候，一只热情似火的小蛾子飞到路边。因为后翅上具有两个蝌蚪形状的黄色大斑，它被称为蚪纹野螟。不过我更喜欢它的前翅，像两艘首尾翘起的龙船。在我喊前面的人回来看之前，这只活泼的小蛾子又飞到田里去了。

　　很快又到了螳螂僵尸路段，我一边留心脚下，一边回顾学过的知识。铁线虫一定要驱使螳螂投入水中，既然路上有这么多误入歧途的，那么水里应该有数目更为巨大的螳螂尸体才对。我们之前没有看到，可能是投水的螳螂被冲到下游了。

　　也就是说，在下游某个被石块阻隔或者容易搁浅的地方，应该有一处巨大的螳螂坟场！

于是我开始专心留意溪水中的情况。终于，在停车场附近，我分辨出第一只被水草钩住而去不了下游的螳螂尸体。我继续搜索，赫然发现河滩上一只巨大的中华斧螳，正迈着摇摆步，朝一尺开外的溪流前进！

此刻它的行动犹豫不决，头脑中必定充斥着压抑不住的奇怪冲动，和无法自控的愤怒。它的身体被一只看不见的手往前推，离它平日所畏惧的水面越来越近。滩边的杂草阻隔了它前进的速度，我们几个快速交换了一下意见，除了已经心理崩溃的慧姐坚持继续留在山路上，其他人急急忙忙从前面的踏步处下到河床，然后小心踏过湿滑的石头来到螳螂对面的河滩上。他们两个很客气地把最佳机位让给了我。

环顾四周，水中又有几只无法移动的绿色身影。我们已经处在坟场的入口了。

此时螳螂已经来到水边，它停下来望着滚滚溪流，似在回忆往生。

片刻后螳螂回头望了一眼，我模糊的镜头记录下来它对尘世的最后一次回眸。然后它开始助跑，从浅滩直冲入深水区。

凉水的刺激貌似令螳螂恢复了一点理智，它残存的求生欲燃烧起来，令它本能地抓住几米外一块突出水面的石头并且爬了上去。在接下来的十几秒内，腹中的魔鬼发起最后的攻势，螳螂的心头火抖动一下，彻底熄灭。这一回它没有丝毫犹豫，义无反顾地纵身一跃，将自己度向彼岸。

# 乌桕玫瑰卷儿

—

　　白塔湖湿地公园位于诸暨市区北偏东约30公里处。其实公园里并没有白塔，而是根据诸暨方言"白茫茫"的发音（bó tɑ tɑ）起了这个名字。

　　这里是水、堤、岛相互交错的典型湿地景观，只开发了一小部分。公园派熟悉本地植物的小朱当我们的引导员，他对昆虫也知晓一二。我们乘船考察各个原生小岛，最直观的印象就是四处肆虐的入侵物种加拿大一枝黄花。它超强的繁殖力和根系分泌的毒素造成大量本土植物消失，所谓"黄花过处，寸草不生"。村民尚未意识到其严重性，只能靠巡视员手工拔除。

　　我们登上第一个荒岛，沿着村民去岛上开垦菜地踩出的小径，一行人在3米多高的禾本科植物间穿行。除了被惊起的各种蝗虫蹦来跳去，就是双翅目的雄性小虫们在植物上空形成的烟雾一般的交配云。它们因为体型太过微小，单独求偶如大海捞针，遂成百上千在空中聚集，吸引雌性注意。

　　最常见的短额负蝗是这里的主力军。它们有绿色和褐色两个表现型，以适应不同环境的背景色。因为是同一物种，所以体色并不妨碍交配。雄性的体型比雌性小很多并且被雌性负在背上，所以得名负蝗。有一些童心未泯的人看到这个场景就会说："看！妈妈背着宝宝！"

　　一只停在加拿大一枝黄花未开花穗上的灰色负蝗引起了我的注意。它惨白的复眼了无生机，表明这是一具干尸——这只蝗虫感染真菌而死。

　　这是昆虫的常见死法之一，包括著名的冬虫夏草。跨度好几个门的

数百种真菌具有这种残酷的能力。孢子在空气中扩散，附着在昆虫的体壁，条件适宜的时候，它们释放出能够分解几丁质外壳的物质，侵入昆虫体内，吸收寄主的营养并产生菌丝，进而造成寄主死亡。在昆虫尺度上，这些是可怕的瘟疫。被感染的蝗虫先是暴躁，继而迟钝、绝食。临死前，它会爬到草本植物高处，用前两对足紧紧抱住草秆，接下来发生的事情我国古人已有观察："蝗一夕抱草而死"。在这棵草倒下之前，虫体绝不会掉落。现在我们通常把这种现象叫作"抱草瘟"。

　　此类真菌统称为虫生真菌。它们通常感染特定的昆虫类群，也有攻击范围广泛的种类。这里发生的可能是白僵菌，因为距离不远的地方，一只毛虫还保持着探索世界的姿势，但是菌丝已经裹满它的全身，将其变成了一座白色石像。我还看到象蜡蝉同样惨遭毒手。

由于虫生真菌对人畜无害，甚至有些对天敌昆虫也无害，它们已经被用于生物防治。

翅果菊是分布广泛并且花期很长的植物。它们引来了各种访花昆虫，包括在秋天依旧活跃的食蚜蝇。早期人们发现这些昆虫的幼虫在蚜虫群落里大快朵颐，就给它们起了个名字叫食蚜蝇科。但是随着更多种类的发现，这条规则已经不准了，如今的这个大门派里，半数以上的种类幼虫是不吃蚜虫的。

作为苍蝇的一类，其舐吸式口器只能用来舐食流质和半流质食物，食蚜蝇没有任何攻击力，防守更是可怜，因此它们拟态昆虫界最难惹的膜翅目昆虫来保护自己，从蜜蜂、熊蜂到胡蜂。本来它们的样子就已经令普通人真假难辨了，有些种类甚至能用腹部模拟蜇刺的动作，坚持逗能到最后一刻。就好像一个骗子举着一把假枪扣动扳机，居然也发出了"砰"的一声，只不过没有子弹射出来。这个架势足够吓跑绝大多数敌人了。

今天的运气不错，拍到了五种食蚜蝇。我花了大半个小时，用字符拼出黑

带食蚜蝇的特征图：

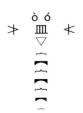

　　因为荒岛几乎无路，寸步难行，小朱便带我们去另一处开发过的岛。我们均对人工种植的花草没有兴趣，植物人忙着找野生种，我则寻访节肢动物的踪迹。柳丽细蛾呈微微暴发的趋势，路边的柳树上以较大的密度挂满了它们的小粽子。这些精致的工艺品让我这个局外人对此类害虫恨不起来。

　　我惊飞了一只褐斑异痣蟌，它往一株苦楝树苗那边飞去。这时候，苦楝背后的一只螟蛾忽然发神经，也要换个地方。它一路跌跌撞撞向斜上方飞去，豆娘（蟌的俗称）发现了猎物，马上进入战斗状态。可是它们之间隔着一棵长满细碎复叶的苦楝，特别是横向伸展的枝条像楼板一样阻隔了豆娘的视野和进攻路线。此时蜻蜓目卓越的飞行能力提供了重要的技术支持。单独控制的两对翅膀可以在空中悬停并能朝任意方向转舵，全景角度的复眼紧紧锁定猎物。我看到豆娘在苦楝"一楼"的位置做出了几次前突的尝试但是旋即放弃，然后它隔着苦楝和螟蛾一起升高，在"二楼"的位置继续评估螟蛾的飞行轨迹，调整自己的状态；最后，当双方升到"三楼"的时候，豆娘瞬间提速，冲过去将螟蛾牢牢抓住。

　　豆娘带着它的猎物到1米开外的再力花的叶子上进食。刚才那场漂亮的袭击战让它在苦楝附近暴露了5秒左右，有可能被更高一级的空中捕食者所发现，所以那里已经不再安全啦。

再力花是常见的园林绿化植物，淡紫色的花穗非常素雅。小徐介绍道，它有一个神奇的机关，其内侧的瓣化雄蕊被访花昆虫碰触后，柱头会快速扭转，像弹出的锁舌一样将昆虫身体夹住，使其不能脱身。

少数植物采取这种爆发式的传粉机制。在再力花的原产地中美洲，传粉的任务由木蜂完成。它们非常强壮，触发再力花的机关后能够挣脱雌蕊的劫持。其他小型昆虫没有这个力气，往往被囚禁致死。这件事最大的受益者是绣眼等杂食鸟类，它们来吸花蜜时，惊喜地发现还有额外的虫子点心赠送。然而受损的是当地的其他虫媒花，因为无知的小型传粉者就这样被大量消灭了。

返程的路上，我们的船居然抛锚了。幸运的是，船体靠惯性漂到了某段岸边。植物人发现了一大串盒子草，争相拍摄。而我立在船尾，对着一棵大乌桕树默念我朝思暮想的乌桕大蚕蛾。

大蚕蛾没有出现，但我发现不远处的叶子上有一个卷曲的叶巢。乌桕的菱形叶片干净利索，这个巢卷得也漂亮。它沿着一根轴内紧外松地旋转，配合柔和的光影，就像一朵绿色的玫瑰花。

我伸手把它拉过来，隐约看到里面有一只蜘蛛。然后我看到了更多的叶巢，但是大多数里面并没有蜘蛛。

仔细研究巢的构造方式，筑巢者是在叶片反面一侧将边缘切割成长条，然后逐渐卷起。这种切割只有咀嚼式口器才能完成，蜘蛛是做不到的，它可能霸占了某只鳞翅目幼虫的房子。叶片的切割途径并不是直线，而是一个拉长的S形，或者是音标符号"ʃ"，就像小提琴上的音孔。而且，在我收集的极有限的几个例子中，它们的初始位置是一致的。当这个巢足够大，"ʃ"收尾的一笔会跨过叶子的中脉，玫瑰继续卷到叶子的另一侧。

　　这个叶巢也很容易让人联想到"打包高手"卷象。但是卷象做的粽子是全封闭的，因为鞘翅目成虫没有吐丝的本领。而蛾类的幼虫可以把房子造成这样半开敞的样式，然后用丝从容地做一副帘子挂上去。

　　经过大量的照片比对，玫瑰卷里的蜘蛛显露出漏斗蛛的特征。10月份是它们的繁殖季节，这只雄蛛不久前感受到了青春的冲动，它离开自己的漏斗网去找雌蛛。中途，它在这里短暂休息，给自己鼓气。等它认为完全准备好了，便会出门走完剩下的一段路。多数雄性节肢动物的求偶都需要极大的牺牲精神，因为交配后的雄性对种族延续已经没有意义，它们少则当场殒命，多则苟延数日。而背负繁衍使命的雌蛛则找一个僻静处制作越冬丝巢，等来年春天再出来产卵。

# 卷蛾的表演

—

11月初的最高气温仍有20多度，我于是再去诸暨碰碰运气。

我们这次的路线同第一次相去不远，发端一致，中途取道金竹湾。经过胜利水库的大坝时我们短暂停留，植物人下来找蓼花。这个山间水库的容量很小，但是坝体高阔，盖满了高低不同的野草。秋天的露水已经浓重，即使太阳升起后也久久不消。平日里遁于无形的小小蛛网被露珠精心打扮，随着阳光驱走阴影，这些盛满珍珠的盘子纷纷显现。不过对于地面上的虫子来说，它们其实是密集可怕的雷区。

秋风带走了第一批一年生草本植物的魂魄，让它们叶落枝枯。在败酱草荒凉的褐色光杆间，坚守于此的棒毛络新妇两口子用自己醒目的艳黄条纹维持这里的自然生机。

然后我们离开水库，沿着山路前进到最后一处可以停车的地方，下车扫山。走出去不多远，从路边溪沟里长出来的一棵冬青便吸引了大伙的注意力。目前它正处于果期，树上挂满了红彤彤的椭球状小果子，声势浩大甚至要压过树叶的绿色。不过真正让我们停留许久的，是盘桓于此的同蝽家族。

它们是人见人爱的伊锥同蝽，在各个枝头三五成群，背部发达的小盾片上有一枚漂亮的黄色心形图案。冬青上提供的大量的观察样本让我发现它们的图案轮廓也有微妙的变化。心形的下端有的钝圆，有的尖

锐，有的向内收起形成一个小凹槽。还有一些，在心形内部有淡绿色的树枝状纹理。

很多半翅目昆虫都有集群行为，一方面是作为防御策略，另一方面如果它们具有警戒色，则加强警示效果。枝头还聚集着一些我没见过的若虫，虽然它们很可能就是伊锥同蝽的若虫，但是两者的模样区别太大，没有坚实的证据是不能贸然断定的。

接下来当我抬头的时候，直接证据送到眼前了：一只正在羽化的个体！它倒挂在冬青叶子背面，大部分身体已经钻出，身后末龄若虫的蜕同旁边的若虫斑纹是一致的。

10分钟后，新生的成虫积攒了足够的腿部力量。它爬到蜕的旁边继续等待自己的身体变硬。前翅的革质部分基本定形，但是膜质部分还将继续扩展，直到覆盖整个腹部。像大多数刚羽化的昆虫一样，它的颜色非常粉嫩。但是小盾片上的爱心已经隐约可见啦。

当然，伊锥同蝽是危害冬青等多种树木的害虫，如果害虫一定存在，我希望这种高颜值的能多一些。

　　其他人的行进速度很快，不过在我遇到久违的豹裳卷蛾之前，他们还保持在我的视线之内。我以为卷蛾都随着秋风去了，而这仅有的一只却异常活跃，在草秆间到处摸索。

　　这只卷蛾的尾部已经明显变残，整个翅膀的后部三分之一，包括假头图案全部缺失。不过只有这样，才是关于首尾互置策略的最佳例证。很明显，它躲过了一次致命的攻击，即使这样，它真正的腹部还是没有暴露出来。

　　我把卷蛾引到手上仔细观察。当我盯着它看的时候，我忽然发现它居然有嘴巴！这句话没毛病，因为很多蛾子（比如蚕蛾）是没有口器的。它们在幼虫期拼命进食，把成虫期所需的营养一并储备好。羽化后没有嘴巴的蛾子，身体内有足够的脂肪转换成能量，支持它们在成虫期专心致志地完成传宗接代这件大事。所以蛾子的毛虫比蝴蝶的毛虫能吃，它们也更容易对植物造成危害，成为人类眼中的大害虫。

　　还有一些蛾子羽化后不会马上成熟，或是需要进行大量的运动，它们得从花蜜中持续获得能量。比如常见的飞来飞去被当作蜂鸟的长喙天

蛾。豹裳卷蛾一定也是活泼好动的，这样才可以解释我为何9月底来访的时候它们的尸体出现在多达半数的蜘蛛网上。

鳞翅目成虫具有虹吸式口器。不用的时候，吸管像发条一样盘在嘴巴下面。蝴蝶的口器长度都差不多，略短于体长，收起来可能要卷四五圈。豹裳卷蛾的口器刚发出的时候非常粗壮，可是它很短，并且末端迅速变细。它在头部下方勉强卷完一圈。

天气凉爽，我的手没有出汗，也没有卷蛾感兴趣的其他东西。它在我的指头上探索了一会儿，觉得无聊，就抬起右前腿，把右边的触须钩下来捋了一把。这个动作非常熟练，而且触须也没有半路脱手，让我觉得它是比一般的蛾子要聪明些的种类，值得与它多做一些交流。

我伸直胳膊，把相机架在左手手腕上，对准它的头部一通连拍，并且幸运地在它清理左边触须的时候定格了几张比较清晰的关键帧，可以分析当时的情况。它的前足胫节基部有一根长刺，平时这根刺几乎贴着腿，不很明显，但是在使用的时候，它可以张开并和胫节配合夹住触须根部，然后一直捋到端部。这个简单的动作能把触须上的脏东西都清理掉。

很多昆虫身上都有类似的结构，并且在蜜蜂身上发挥到极致。蜜蜂的采集蜂有自己的分工，它们专心采集某一样原料（比如蜜、粉、胶、水等）。采粉蜂就不会采蜜，但是采蜜蜂总会蹭上花粉。作为勤俭持家的典范，即使这一点点花粉也不能浪费。蜜蜂的前足胫节和腿节之间形成一个带毛刷的凹槽（像电脑桌过线孔的盖子），可以把沾到触须上的花粉收集起来带回家。

这一路我们遇到非常多的马蜂。在一片开阔地，马蜂的密度突然增大。可能我停留的时间太长，有一些马蜂变得不再友好。它们除了环绕飞行来评估我，还会对我的头部进行试探性的冲刺，甚至从背后偷袭（居然不按套路出牌！）。植物人们早已不知所终，他们肯定是全速通过的。这时候我头顶的全檐渔夫帽发挥了重要的防御作用。当渐强的嗡嗡声从某个角度袭来的时候，我只需歪一下脖子，把头顶对准声源方向，挑衅的马蜂就只能降落在帽檐上而不是钻进我的领子里。就在我打算继续这样不卑不亢地缓慢通过这一区域时，我看到路边石墙上停落了一只食虫虻。

这是一只体色暗淡而平凡的种类。在正午的阳光下昆虫都非常活跃，我唯有小心翼翼地接近，才有机会拍摄它美丽的复眼——不过这样一来马蜂们会对我更加反感。就在我准备擦身而过的时候，又一只马蜂飞了过来。我当时就站在食虫虻边上，一瞬间，我做出决定，停在原地并注视事件的发展。

根据我此前的测试，食虫虻会第一时间对进入其领空半米内的任何飞行物体发动攻击。这是一种本能的条件反射，就像一个强盗，不管谁从这条山路走，他都要冲出来喊一声："打劫！"盗虻这个俗称真是非常贴切。

马蜂继续飞行，进入了食虫虻的防空识别区。没有任何迟疑，它从墙上一跃而起，全速冲向马蜂！——再没什么比看到昆虫按照自己的剧本表演更快乐的事情了。

但是在距离马蜂十几厘米的时候，更高分辨率的图像传到了食虫虻的头部神经节。它猛然意识到这可能是个不好惹的狠角色，赶紧空中规避，然后假装认错，若无其事地朝第三个方向飞走了。

我终于追上了植物人。因为我们把干粮留在车里，大家肚子饿的时候只好往山下走。于我而言，返程的路上可能有新的虫子蹦出来，所以也要仔细搜索；而对于植物人来说，上山看到多少植物，下山依旧是那么多，所以他们的下山是真的下山，迈开大步、义无反顾。不过在经过一丛牡荆的时候我叫住了他们，指给他们看叶子上的一小撮垃圾。

我第一次见到这种迷你构筑物时，曾通过长时间静候来判定它是自然堆积的巧合还是微观生命的作品，直到房子的主人进行了小幅的移动暴露自己。有了那次的经验后，这种构筑物的形式我已了然于胸，不经意间的一瞥就可以把它揪出来。

牡荆上的这只蓑蛾幼虫在叶片正面取食。它们的丝巢像一顶小小的、石器时代的人类用兽皮搭的帐篷。它的高度不到1厘米，但是已经比我第一次看到的那个丝巢要大得多了。在牡荆斜对面的胡枝子上我找到了另外一顶帐篷，它们应该是同一种类，但是对建材规格的选择各有不同。前者偏爱方整的毛毡，而后者喜欢长条形的席子。

棒毛络新妇依然在各处枝杈间强势存在。现在它们已经全部成年，不同个体在幼蛛阶段的努力程度都显现出来了。勤劳的个体身形健硕，令人望而生畏；而那些挑食不好好吃饭的"女孩"则瘦小很多，它们只能产生比较少的后代。

一只在长春古道信号架旁结网的雌蛛，腹部有半截拇指那么大，这在雄蛛们的眼里简直就是倾国之貌。而且网的主结构高度达到了惊人的3米。这么大的网难免照顾不周，有一只小个子的银斑蛛潜伏在网的另一

侧，靠偷吃棒毛络新妇的残羹剩饭悠闲度
日。

　　在撤离的匆匆脚步中，我"再一次"发现了
路边紫苏叶子上拟态枯叶的象甲。十几年前，我在太行山以比现在快得
多的速度回村抢晚饭时在路边看到了它的前辈。我简直是这种象甲的视
觉天敌！

　　它的拟态堪称完美。暴露它的只有一条：对称性。没有一片枯叶在
卷曲以后还能保持左右对称。

　　从侧面看，它其实很像一只鹌鹑。前足各节特化得有点不成比例，
可能是为了把长喙的末端遮起来。看上去它正抱着一杯滚烫的奶茶，一

边吸一边暖手呢。

　　我能找到的大多数虫子都安静地伏在叶片卷曲的地方，随着气温的降低，它们将屈服于自己的命运。一只棕静螳从红叶石楠顶端警惕地探出头来。它的左后足其实已经缺失，不过我的拍摄角度刚好可以利用前景的叶片挡住这个遗憾。螳螂是信奉极端个人英雄主义的虫子，从来只知前进，不知后退。它那高贵的头颅永远不会低下，不论是面对云雀，面对铁线虫，还是面对北风。

# 蝎尾蛉和小头虻

——

四月初，朋友圈里陆续有虫子的照片放出来，我终于按捺不住，抖去一冬的困顿，再次向诸暨出发。不管是两条腿的还是六条腿的朋友，让你们久等了！

这一次我们去的是苦马岭，诸暨最荒野的山区，附近的主峰高度超过700米。我们驶至山腰下车，一路向上，我已经隐约感到树丛间有无数双期待的眼睛在窥视着我。最热烈的欢迎来自于大大小小的斑腿蝗，它们在我们脚下欢呼雀跃，奔走相告。山涧里水声震耳，阳光明媚得过头，美丽的透翅绿色螽在枝间翩翩起舞。

山路渐陡，很快我就拒绝前进了。前面的人在路边白檀上发现了被我以"麻将席"冠名的毛虫，另外一只"别人的相机里"的高颜值虫子要被我收入存储卡中啦！不过我并不急于拍摄，植物人要去山顶寻一种特有的龙胆科植物，我有足够的时间在此消磨，先照顾飘忽不定的虫子们吧。因为只要我记住树的位置，无论亲昵或是冷落，毛虫就在那里。

一只飞行姿态类似大蚊的虫子飘然而至，停歇后把翅膀收起呈倒"V"字形。看到它头上那根粗而长的喙，我辨认出是蝎蛉。于是赶紧看它的腹部末端，正如所期待的，我看到了典型的蝎子尾部螯针的形象——啊哈，雄性！

蝎蛉俗称蝎尾蛉，雄性的腹末猛然膨大，以收尖结束，并且平时往背部方向卷曲，整体造型同蝎子的尾巴真是一般无二。而雌性就普普通通，没有特点了。它们对生境的要求是空气湿润且植被茂密，因此具有一定的环境指示作用。

不过这个蝎子尾纯粹是装装样子，它的实际功能是交尾时候的抱握器，可以分开并夹住雌性的尾部，保证交尾过程中两性不轻易脱开。因此蝎蛉的"蝎尾"没有毒腺，更不可能伤人。

蝎蛉是异常警觉的昆虫，我希望拍得一张背面标准照，便一边按快门，一边小心翼翼地向它正后方移动，终于，在我进入预期位置之前一点点，蝎蛉飞走了！不过还好，那几只乖巧的"麻将席"可不会任性地离开，它们可以抚平蝎蛉逃脱的遗憾。

斑蛾科的毛虫大多具有几何感极强的图案，白带锦斑蛾幼虫是其中的佼佼者。它的背部看上去由11对黄色的圆角方形小竹片编织而成，再也找不到比麻将席更贴切的比喻了！

毛虫身上的黑色粗线条除了衬托背部的黄色色块，还勾勒出体侧白色和橙红色的卵形图案。这些强烈的警戒色信号向潜在的敌人表示：我是有毒的。

我捡了一根松针，刺戳它的皮肤。很快，一小滴略带浅褐色的液体从体表渗了出来，并聚集成一个小球。这液体中含有剧毒的氰化物，会造成捕食者终生难忘的心理阴影。

我很庆幸几年前因为一时偷懒抑制住了尝一尝另一种斑蛾幼虫分泌物的冲动。不过即使那次愚蠢的冒险真的实施了，鉴于我巨大的体重，也不会有什么实质性的危险。我只会与一只年轻而没有经验的鸟一样感同身受，恶心呕吐过后，发誓这辈子再也不要碰带有这种图案和对比色的虫子，正如自然界每年都要上演的剧本。

毛虫对我的粗暴对待毫不在意，它停止进食，慢悠悠地转身，带着一脸的不屑，缓缓向树枝高处爬去。


白檀隔壁的一棵漆树小苗上，食蚜蝇的幼虫正在午休。虽然每一种食蚜蝇的成虫都是精致而美丽的，但它们的孩子还是摆脱不了蛆的原始形态。这株漆树另外几个枝头都被蚜虫的初期群落所占据，只有这一枝干干净净。幼虫身体肥大，附近还有一只被吸干的有翅蚜尸体，看来蚜虫们在此拓殖的所有努力都被这位巨灵神消灭了。

其实很多种类的食蚜蝇幼虫已经很努力地在背部加上图案感强的色彩或是装饰，好尽量掩盖它们饱受诟病的出身。我遇见的这一只，让我想到塔式高层建筑外立面的韵律探析……

就在我漫不经心、挑三拣四的时候，几位植物人忽然出现。原来他们在半途遇到一条小蛇，思量了一下后决定落荒而逃，顺便也裹挟了我往山下奔流而去。

　　撤退途中我在头顶的樱叶上有了发现。如果昆虫停歇在阔叶树高处叶片的正面，从下方是看不见的。但是正午的强烈阳光把它们身体的轮廓清晰地投射到叶片上。这也是寻找树栖昆虫的常规方法。这只昆虫拥有超级长的触须，它待在叶片的下部，触须甚至从右上方伸出一半的长度。而且，从剪影可以看出它中足腿节上的毛簇。

　　还好叶片在伸手可及的地方，慧姐帮忙拽低枝条，让我看清这只长角蛾科的小虫。明亮的叶片显得它浑身漆黑，翅膀中间有一条白带。只有闪光灯能把它鳞片上绚丽的色彩邀请出来。

　　行至一块巨石，周围略平坦，我们停下来享用午饭。靠近溪水的低矮蔷薇幼苗上，有一只黑黄相间的叶甲也在进食。看到相机的靠近，叶甲马上玩起了躲猫猫游戏，转到蔷薇茎干的后面去了。这是大多数虫子都会的把戏，通常拍摄者只需端好相机保持不动，同伴在对面——也就是虫子的后面——作为一个新的庞然大物靠近。虫子马上就会忘记最初那个庞然大物而转回到原来的位置，于是被拍下来。

　　如果一个人行动，只好用左手绕到后面去吓唬它。这只叶甲的背部本来就不干净，凑近后又被我看到了它邋遢的吃相，满嘴的绿色汁液还一直往植物上抹，我的近摄欲望熄灭了。

　　放大已有的照片，我发现叶甲咬破茎皮，把中间的瓤吃了个精光。它从上往下这样破坏，失去了内容物和外皮完整性的蔷薇茎同时也失去了支撑结构，在一个最薄弱的地方弯折，上部整个耷拉下来。这种破坏力是很惊人的，如果叶甲从贴近地面的地方啃咬，那基本宣布了这棵幼苗的死亡，而且大量叶片还是完整的。

　　照片中的叶甲是受惊后转到右边的，原本它正待在左侧，剩余的茎皮在逆光下近乎透明。结构的垮塌应该只是短短几秒的事情，看着茎上的大刺，我忽然想到一种可能：

　　一定会有某些破坏者，当它正在贪婪进食的时候，上部弯折的茎干像一把核桃钳，把所有的力量集中于那根角度刚刚好的刺，在一瞬间插入甲虫鞘翅，把它钉死在自己的作案现场！

　　在大石头上方，我看到了一间新型蓑蛾小屋。它由弯曲不羁的细枝搭建而成，并且确立了绝大多数的弯曲指向上方这一原则。最后的成果形式统一，个性张扬。结合我以往搜集到的案例，一间好看的蓑蛾小屋必照顾到两点：选材规格和搭建逻辑。

　　某一规格的建筑材料就好比建筑设计的主题，只要运用得当，效果

就不会差。如果引入两种主题，因为要协调它们的关系，设计难度便极大增加。我居然随后就看见了一个反面教材：某只有勇无谋的幼虫打算同时使用棍材和叶片来搭建它的帐篷，非但搭建逻辑一塌糊涂，材料规格也是参差不齐。于是就出现了一顶极其丑陋的帐篷。简直是昆虫界的违章建筑。

我吃饭团的时候，一对头蝇就我身边表演空中杂技。头蝇科昆虫有一个近乎球形的巨大脑袋（三到四头身），而这个脑袋几乎全部被红色的复眼占据，脸上其他的器官都被挤到中间的一条缝上了，模样甚是可爱。头蝇科和食蚜蝇科关系较近，这些亲戚都执着于追求悬飞的高超本领。而头蝇科尤其喜欢在交尾的时候悬飞，看上去就像两柄迷你的磁悬浮麦克风。

占据飞行主导的是上方的雄性。除了尾部的连接，它还抓住雌性的身体，就像骑在一张飞毯上。而后者则收拢腿和翅膀，在副驾位置上悠哉看风景。非但如此，它可能还像很多坐在副驾驶位置的夫人一样，一路喋喋不休，指挥机长呢！

路边的悬钩子上有很多体长不足1厘米的黑色吉丁。吉丁科都是美丽的甲虫，半数以上的种类光彩夺目。这些不起眼的小个子的底色呈蓝黑色金属光泽，胸背板是金红色的。

悬钩子上还有一种体型巨大、造型奇特的月肩奇缘蝽。其前胸背板侧角强烈前伸并带有锯齿。它怪异的模样除了拟态枯叶，还可以给鸟类造成一种不好下咽的感觉。每当看到这类模样的缘蝽，我都会想起还是天神的天蓬元帅，他身着华丽的黄金盔甲，夸张的肩饰直挑天际。

后来，我陆续看到更多的吉丁，便选了一只大点儿的带回家，通过相片堆叠技术合成了一张背部图片。我带回的和第一次看到的吉丁并不相同。它们是纹吉丁属的不同种昆虫，待在悬钩子属的不同种植物上。后者并没有酷炫的金红色胸部，但是这种蓝黑和灰白的颜色搭配更素雅、更耐看。

一只小头虻飞过来，停在叶子一角整理身上的花粉。小头虻科的两个特点使得它们极具辨识度。首先是反映名字来源的小小头部，跟头蝇恰恰相反，它们的头太不明显了。从背后看，它们的头宽一般不超过肩宽的一半，有一些种类的头小到像在肩膀上起了个蚊子包而已！但是这样的特例颇多，我看到的这只算起来已经是小头虻里的大头鬼了。另外一个靠谱的特征

是，它们拥有夸张的驼背，就好像一只正常的虫子被人掰弯了90度一样。

多数小头虻成虫访花进食，它们又尖又长的喙可以够到深处的花蜜。逆光的时候可以很清楚地看到成虫的眼睛上有一层细细的绒毛，因此很容易沾上花粉。小头虻休息的时候需要不停地把眼睛上的花粉和其他东西擦掉，但它们的腿又很短，擦着擦着，就气急败坏起来。于是我看到了一位愤怒的演奏家在砸键盘。

小头虻幼虫是寄生蜘蛛的狠角色。它们没有蛛蜂那样厉害的蜇针，可以把蜘蛛直接撂倒，搬回洞里去。它的寄主都是凶猛的游猎蜘蛛，手无寸铁的小头虻母亲该怎么做呢？

它采用空袭的方式。雌性小头虻熟悉寄主活动的生境，它对这一区域进行地毯式轰炸。每只小头虻在空中撒下数以千计的微型虫卵，它们弥漫在空气中，有些落在蜘蛛必经之路上。从卵中孵化的一龄幼虫十分活跃，尽管没有腿，它们用身上的刚毛和尾部吸盘爬行，甚至跳跃，拼命地攀上过路蜘蛛的腿。虽然多数幼虫注定死于漫长而绝望的寻找途中，但那些已经上车的个体，则找机会突破蜘蛛的皮肤，然后卸下一身武功，成为丧失行动能力、衣食无忧的寄生虫。

　　行程快结束的时候，另一只雄蝎蛉大驾光临。它摆出最经典的蝎尾侧面造型，沉稳地接受几部相机和手机的轮番赞美，一点都没有要走的意思。

　　蝎蛉科的雄性是求偶风险最大的节肢动物之一。一只运气最差的螳螂或狼蛛，是在求偶现场的前期表演阶段就失败且没来得及逃走，被心不在焉的雌性当作美食逮住吃掉了。蝎蛉是食腐昆虫，它们虽然有长长的吻部，但是末端的口器很小，也没有其他的攻击手段，只能取用尸体或不怎么反抗的活物（比如蝶蛹）。雌性并不会像螳螂、蜘蛛和蝎子那样攻击自己的新郎。

　　但蝎蛉是有彩礼行为的昆虫，空着手去求婚是没有任何机会的。少数雄蝎蛉至早殒命于准备彩礼的阶段，它们甚至连未来的新娘长啥样都不知道。因为，蝎蛉将要献给雌性的彩礼，是从蜘蛛网上偷来的虫子！

　　这需要相当棒的技巧和运气。许多本来有着美好前程的小伙子，因为时运不济，在行窃时被主人发现，暴打致死。

　　只有最具灵巧身手和临场应变能力的男子汉，才能传播自己的下一代。

# 叩甲的扳机

—

诸暨，初夏的滴水岩。

在集合地，我们先到的几个享用了草木樨大姐带来的用松花粉做馅的夏至饼后，便在山路旁的空旷处寻花找虫等人。我在竹林的边缘看到一对恩爱的隐翅花萤。可谓开门红。（隐翅花萤属目前尚无正式中文名，这里参照中国台湾对该属的命名"隐翅菊虎"暂拟。）

隐翅花萤（以及与它们相似度极高的亲戚短翅花萤）是一类非常奇特的昆虫，单看外表，甚至很难判断它属于哪个目。对于初学者，打死也不相信这家伙居然是甲虫。它们是花萤科乃至整个鞘翅目中的奇葩。

因为甲虫在飞行中要高举鞘翅，十分不利，隐翅花萤就学隐翅甲，把前翅直接变小以解决这个问题。然而做事严谨的隐翅甲会把后翅通过复杂的折叠收进小鞘翅，随性的隐翅花萤却并不打算费力气做第二步，膜质后翅直接暴露，这是它们最不像甲虫的地方。

同时暴露的还有柔软的腹部。飞行能力提高带来的好处必定大于防御性减弱带来的坏处，唯有如此才能让这类昆虫生存到现在。隐翅花萤在一年中的很多月份都可以见到，是比较成功的类群。它们飞行的时候尾巴向上勾起，很像一个大写字母"J"。观看它们的飞行，并不会觉得这虫子有多大的本事，但它们是鞘翅目中为数不多的可以悬飞的种类。

一群小蝗虫刚刚从卵里孵化出来没几天，兴奋异常，散落在各种植物表面看风景，尚不知这个世界的险恶。在获得飞行能力之前，它们只能在地面蹦来跳去。我们把这个若虫阶段的蝗虫称为"跳蝻"。

一只花纹时尚的跳蝻从我脚下的木防已叶子里钻出来，虽然行色匆匆，但举手投足都显出明星范儿。可惜它今天的通告已经排满了，对我的拍摄很不耐烦，甚至没告诉我经纪人的电话号码，就又消失在叶丛里了。

大家会合以后，吃一通慧姐带来的冰荔枝，然后从开阔的右侧小路上山。这里以裸露的岩石为主，丛生的植物覆盖了其表面的三分之一。躲在白栎叶腋处的角蝉自然不会逃过我的火眼金睛。这小东西颇为自信，居然没有玩躲镜头的游戏。因为它身体表面甚至包括翅面上硬绒毛的排列方式同白栎幼果非常相似。我熟悉的那双浅褐色三角眼暴露了它。

丸子他们发现了一种算盘子上的缘蝽若虫，吃惊于它脸谱一样的背部而拍手叫绝。由于算盘子广布于滴水岩地区，所以我能观察到成虫和各个龄期的若虫，根据一些渐变和不变的特征判断它们是同一物种，并拼出生活史。

低龄若虫浑身黑色，六足胫节都向两侧扩展，形如叶状。触角的前三节黑色，第四节橙色但是在三分之二处有黑斑，这个特征一生不变。

大龄若虫出现翅芽，体色变浅，胫节的叶状扩展开始缩小。一直出现在背上，像四枚白纽扣一样的东西是它们赖以防身的臭腺开口。

末龄若虫翅芽变大，看上去就像一个店小二，就是这个虫态吸引了大家。它前、中足的叶状扩展几乎消失，后足胫节的扩展仍在，并且腿

节开始增粗。

　　最终它们变成体色漆黑、有着极度弯曲的超粗大腿的安缘蝽成虫。臭腺原来的开口位置被翅膀覆盖，如果还从那里放臭气就会熏到自己，因此在成虫阶段它们悄悄转移到了身体侧面。

　　所有的半翅目昆虫都有臭腺的保护。因此体型巨大的硕蝽毫不顾忌地在显眼的地方爬来爬去。它那炫目的金属质感配合深褐的底色，像是镶金的红木家具，古朴稳重。

　　一个中等大小的黑色影子由远处飞来，落在有着粉色中脉和叶缘的漂亮的毛黄栌上。这是一只鞘翅上有着两道浅褐色条纹的重脊叩甲，相对于硕蝽的金碧辉煌，我更喜欢它的朴素简约。

　　叩甲俗称磕头虫，很多人小时候都玩过。经常是被别的孩子欺负了，忿忿不平，便抓只虫儿朝自己磕几个响头，顿时感到身份尊贵，刚刚的不快也一扫而光了。

叩甲科昆虫的体型大小悬殊，但是轮廓都差不多长成一个梭形。它们的典型特点是胸背板后缘有两个侧角，填平了本来要形成收腰的缺口。

但是有些别的虫子也会有这对侧角，特别是拟叩甲科的虫子们。如名所示，它们和叩甲长相接近，但却是跨越两个总科的不同类群。要判定叩甲很简单，抓起来只要会磕头就行了。这个动作来源于它们胸部腹面的类似于枪械中的独特结构——扳机系统。

重脊叩甲不久就飞走了，正常情况下我们看不到那个藏于身下的结构，除非它们仰面朝天装死。不过机会很快就来了。前面不远，三位植物人正兴奋地围住胡枝子上一只巨人般的丽叩甲疯狂拍摄。这只有着炫目金属光泽的昆虫想要翻到枝条上面，但是对于它的体型，重力影响已经不可忽略，且枝条太细，找不到合适的着力点。不信邪的丽叩甲执著地努力着，因为没有叶片的遮挡，它腹面的扳机一览无遗。

扳机系统由两部分组成，由前胸（就是前足所在这一节）伸出的前端略向内弯的钩

状突起物（前胸腹后突），可以插入中胸（中足所在体节）腹面形成的一个凹陷（中胸腹窝）。凹陷处的内壁持续升高，直到在外面形成一个"Y"形的突起，用来对钩子进行轨迹引导。

平时这个钩子就挂在腹窝里。当叩甲趴在地面或树枝上，面临来自鸟类的威胁时，它抬起前胸把钩子掏出来，抵住凹陷入口的一道小坎，然后用力把前胸往回压。当钩尖越过那道坎并划进腹窝的瞬间，积蓄的力量突然释放，前胸猛地下弯并敲击地面，反作用力就把自己弹起来了。钩子后端延伸于整个前胸，并在颈部加厚突起，以保证用这个部位敲击地面起弹，而不是用它自己的牙。

伴随着巨大咔哒声的弹跳会让鸟类受到惊吓而放弃捕食，或者让叩甲能够在最后一刻躲开攻击。甚至有时候即使叩甲已经被小鸟叼在嘴里了，扳机的触发让小鸟条件反射似的把它吐得远远的！

扳机系统还可以实现类似的反向效果。当叩甲仰面朝天的时候，它的六条短腿并不能帮助自己翻身。然后它重复同样的操作，先抬起前胸让身体成为一个反弓，在钩子扣入腹窝的瞬间，身体变为正弓，这回由鞘翅基部敲击地面把自己弹到空中。

升空的姿势是没有规律的，叩甲下落后，有二分之一的概率依然仰面朝天。于是它就再来一次，直到以正常姿势落地。

当我们捏住一只叩甲面向自己的时候，它感受到威胁，扣动扳机企图逃脱，在我们看来就是不断地磕头求饶。

如果你捉到一只宁死不屈的"磕头虫"，不是因为它性格刚烈，而是拟叩甲科没有扳机结构！

临近中午，我们从巨石上小心翼翼地翻下来回到路边。山石的凹陷里长满了苔藓和景天，每一处都像经过精心搭配的缩微景观。没人照看，它们却生机勃勃。

路边的草丛里，我第一次见到了模样呆萌的华麦蝽，专心模仿一枚葵花子。为了获得一个流畅的三角形尖端，它的眼睛缩小成一个点。按照与身体的比例来看，这几乎是昆虫纲里最小的眼睛了。

因为滴水岩靠近市区，我们改变午饭计划，没有吃干粮而是驱车五分钟找到一家面馆。浑身是汗的采风中途能有个地方享受空调，再一瓶冰镇啤酒下肚，精神头儿立刻就回来了，美妙至极！

满血复活后，回到原地，沿山路上行。造型夸张的栎黄枯叶蛾幼虫懒洋洋地躺在白栎叶片上，无人敢惹。仿佛觉得一身长毛的威慑力还不

够，它们头壳上面也涂装了诡异的脸谱。细细品来还有点川剧的味道。

瓦同缘蝽身着精致的黑色西装，像一位稳重的绅士。而菝葜上漂亮的负泥虫从头部到鞘翅延续清一色的朱红，几列整齐的刻点增添了高光区域的细节，其质感光滑，温润如玉。

这只漂亮的成虫会让人纳闷这个奇怪的名字。其实负泥虫科名的来历就是幼虫会把泥巴一样的粪便堆在自己的背上。造物主是公平的，那些小时候"受尽屈辱"，同粪便与尸体打交道的昆虫，长大以后将换上最炫目的外衣。

考虑到回程时间，我们不能往山上走得太远。在我转身的当口，我瞥到路边的豆腐柴上有一块灰黑色的脏东西，好似一团粪便。事实上那真的是一团粪便，但却按照一定的规律排列。我心怀忐忑，转到粪便的前面瞄了一眼，证实了猜测。于是便故弄玄虚地对小徐咧嘴笑道：不虚此行了。

这是龟甲幼虫的雕塑作品。

昆虫保护自己的途径，除了常见的保护色、警戒色和拟态，还有第四种较少用的方式：伪装。它和前面三种策

略的区别是：伪装使用道具，而不是身体本身。

蚜狮是常见的伪装大师，因为驮着垃圾爬来爬去而被称为"垃圾虫"；某些猎蝽把吸食过的蚂蚁干尸挂在背上，靠猎物的形象和气味掩盖自己，就像披着羊皮的狼；负泥虫幼虫用粪便覆盖自己的身体，制造恶心感；龟甲幼虫也用自己的粪便御敌，不过它们比负泥虫走得更远。

龟甲幼虫的粪便不是散乱地堆在背上，它们排便的时候，肛突能伸得很长，把粪条固定在体末的特殊结构尾叉上。当尾叉被覆盖满了，新的条形粪便紧贴已有的干燥的部分。如此左一条右一条，大体保持一个平面。粪便就形成了一面盾牌的形状（粪鞘），我把它称为"粪盾"！

这面盾牌看起来颇能遮风挡雨的样子，但它是一面真正意义上的盾牌。我基于很久前读过的书本上的一句话做出大胆的推测，然后冒险将

其直接当作一个事实告诉小徐，折了段草叶开始表演。

　　我前后左右粗暴戳弄，模拟来自外界的攻击。龟甲幼虫在半秒内做出反应，它通过扭动腹部，调整固定于尾叉的粪盾角度，做出格挡动作，保护下面柔软的身体。演出相当成功，小徐在一边看得目瞪口呆。

　　对于行动缓慢的龟甲幼虫来说，蚂蚁是它们最常遇到的敌人。幼虫用粪盾抵御来自各个方向的蚂蚁上颚的进攻。当蚂蚁无论怎么出击都只能咬得满嘴屎的时候，便只能沮丧地撤退。

　　几个回合下来，我的草叶子丝毫没有占到便宜，反而激起了龟甲幼虫的斗志。它高举粪盾，耀武扬威，像一头踏脚的野牛：不服来战！

# 追逐虎甲

一

　　我非常得意于从杭州当天往来诸暨的闪电战模式，但不能总给诸暨朋友添麻烦，于是我积极开辟第二战场，选定了高铁半小时车程的绍兴上虞。那儿没有现成的刷山路线，但当地的朋友可以载我去任何一个山沟。

　　关于目的地的选择，我确立了几个原则：1. 距离火车站不超过1小时车程；2. 起点海拔在200米以上；3. 附近主峰高度在400米以上。经过卫星地图里的一番搜索，我锁定了章镇镇的小草湾村。

　　前一晚睡眠严重不足，走在路上有点迷迷糊糊的。被一家农户的土狗狂叫着撵了一段路以后，感觉整个人精神多了！

　　有村民在门口用毡布盖了一堆薪材防雨。毡布里有很多纤维材料，这吸引了附近的马蜂前来。马蜂窝是纸做的，需要职蜂去咀嚼树皮然后混以唾液来修建。这当然比较辛苦。它们无意中发现毡布上已经有半成品的材料，那么就却之不恭啦。昆虫虽然勤劳，但也决不放弃取巧的机会。比如蜜蜂巢附近开了糖果厂的话，工蜂们就不会去访花了。我在想如果用彩色的毡布当作诱饵，是不是能在附近找到彩色的马蜂窝呢？

　　村路边蒲儿根陆续开放，一只龟纹瓢虫正在上面搜索。它的鞘翅有着棋盘格一样的黑色

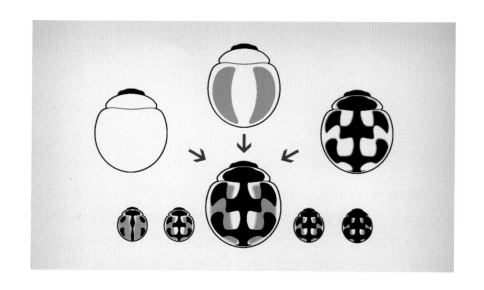

花纹，美丽且易于辨识。只可惜它在瓢虫家族中属于小个子，又活泼好动，所以不容易观察拍摄。但是龟纹瓢虫吃东西的时候很慢很斯文，就餐时间一到，它就好像换了个虫，从满地撒泼的野孩子变成了饭桌上安静的小公主。

我观察发觉，瓢虫最终表现出来的花纹是不同单色图案叠加的结果。就像套色印刷一样，首先准备一个透明介质的底版；第一层是白的底色，它并没有覆盖全部身体，鞘翅边缘还是透明的；第二层是橙黄的主色调，它在两边鞘翅上各刷了一笔，同时有大量留白；第三层是标识它身份的黑色棋盘格，不同个体的图案变化很大。

阳光毒烈，我懊恼怎么选了条山阳之路。终于等到前面峰回路转，其中几十米长的一段小径有山体遮阴。我赶紧奔了过去，卸下背包，就在此安营扎寨罢。

在朴树后面的灌丛里我看到一只长角蛾，样子非常惊艳。正要去

拍，一只小黑虫从它旁边飞出来，落在村路上。权衡利弊，我认为长角蛾暂时不会离开，于是先去追小黑。它在石子路上散漫地爬行，浑身漆黑，其貌不扬。但我凑近后看清它属于襀翅目，也是著名的水质监测昆虫。襀翅目是一个小目，成虫称为"石蝇"。它们的水生稚虫对污染非常敏感，只能生活在清洁和高氧的水中，因此看到它们就知道这是一个山清水秀的地方啦。

我回去灌丛的时候，长角蛾还在。它身上的花纹非常漂亮，经过深褐色勾勒的淡紫和金黄在翅膀的前部和中部拼出美丽的图案，而在翅末以辐射状肆意地交叉在一起。它的触须非常长，大约有体长的四倍。毫无疑问这是一只雄性。

目前是春末夏初，经常出现短时较大风力，甚至把我相机上的柔光板都吹开。我不得不经常后撤一步，把相机抱在胸前等这阵风过去。然后，我发现，雄性长角蛾不见了！

我抬起头寻找，在小漆树的顶部看到一只样貌相似但是触角比较短的虫子。它应该是……雌性长角蛾！

雌性的触角只略长于体长，前端白色。翅面花纹和雄性区别不大，但是看上去彩度提高了很多，居然比雄性更漂亮。我很庆幸自己一次收集到两口子的照片，心里乐开花。可是刚才的雄性长角蛾一点都高兴不起来，因为，它们还不是两口子！

对于昆虫这么微小的体型，风是重要的环境因素。两只长角蛾的直线距离不超过3米，凭借超长的触角，刚才的雄性一定探测到了雌性的存在。它甚至在更远的距离就已感知到雌性，长途跋涉了几千米，却因为羞赧没有直接降落在它面前，而是选择了下方不远处先酝酿勇气。当它终于编好一段动听的情话，想要飞上去搭讪的时候，一阵无情的狂风袭来，把它吹到十万八千里外了。

我可以想象当雄性长角蛾终于被某株植物捞起来时那副惊魂未定的样子："我是谁！我在哪儿？"

几十米的阴凉里蕴藏着虫子无数。我在此吃光干粮，喝掉一瓶水，蒸干了背上的汗，顺便还听了一个半小时村口大喇叭里的《最美上虞》广播。告别沉默寡言的尾龟甲，尾巴盘了一圈又翘起来的叶蜂宝宝，以及在中介公司上班、身穿灰绒西装的花萤先生，我打点行装继续前进。

小草湾村只有不超过十户人家。经过最后一座已经荒废的村宅后，山路渐陡，环境破败。有一棵光秃的枯树，树干上零星几处嫩芽显示出残存的生命力。在一人高的主干分杈处，我看到一只长踦盲蛛。盲蛛本身的保护色并没有问题，迫使它现形的，是它后腿上寄生的一只红色的螨虫。它如此显眼，一下子就从灰暗的背景中跳了出来。

蛛形纲的螨虫几乎可以寄生在任何陆生节肢动物身上吸它们的体液，寄主拿它们丝毫没有办法。树干间几根游丝在随风振动，由于尺度极小，光线发生干涉，彩色光带填充了两个波形之间的梭形，看上去颇具科幻意味。盲蛛利用两根长腿当天线，红色的螨虫做信号发射器，正在联系母星准备入侵地球呢！

破解了盲蛛背面的图案特征以后，我扫视树干的其余部分，很快发现了另外几只盲蛛。螨虫的寄生率很高，有一只叮在了盲蛛的屁股上，因为个头尚小，看起来像起了个疱疹，真替盲蛛难过。

此地海拔320米，再往上所有的地方都是倾斜的，脚踩着很不舒服，绿色也不多，我决定返程。刚转身走了没几步，一只虎甲迎着我跑来，擦肩而过后向山上跑去。我觉得外号"引路虫"的它可能是要展示点什么东西给我，于是抖擞精神跟了上去。

然而，什么都没有，鞋里还进了沙子。我心里咒骂着这个骗子，再一次回身。脚下很不舒服，于是我左手扶着一块高起的台地，脱鞋抖沙

子。这时候，我看到手边一棵悬钩子小苗的叶子下面露出来半个屁股。

那是竹节虫的屁股。

在野外，几乎不可能带着目的性拍摄到竹节虫，因为它们是高度拟态环境的的代名词。通常我都是"无意中"看到它们。我翻动叶片，竹节虫受到惊扰，掉落地面。这还是一只低龄若虫，不过它马上摆出自己的招牌拟态动作：前腿伸直，和触角并拢在一起，剩下的四条腿叉开，像一截嫩绿的竹节。虽然环境是褐色的枯叶，它却自信地认为即使这样也不会被发现。

如果有人找我设计昆虫主题公园，我一定要做几条这样的竹节虫长凳。

竹节虫宝宝走路特别有趣。它们和螳螂、蝗虫都属于大的直翅类，作为拟态昆虫它也走摇摆步。但是和螳螂的进二退一不同，它是一边横向摇摆一边前进的。我把它装进随身携带的5毫升离心管，打算送给地主家的小朋友。

路边一株毛茛上我看到了一对恩爱的象甲。它们浑身上下甚至包括复眼，除了一团漆黑再没有第二种颜色。鞘翅上有复杂的阳刻花纹，像一枚小小的黑石雕塑工艺品。我小心翼翼地接近，因为象甲是极为害羞和胆怯的昆虫，稍有风吹草动就把手一撒，从植物上掉落草丛不见了。但这次我却颇为成功，貌似遇到了落落大方的两口子。我寻找原因，发现雄性抱在雌性背上，而抱着草秆的雌性，眼睛被叶子挡住啦！

这么一来我有恃无恐，一张脸凑到最近，直视雄象甲的眼睛。我

能感受到它内心的焦急，它不停催促雌性："有人来了，快撒手快撒手哇！"而它的配偶则不以为然："撒啥手？半个人都没有嘛！"

回到刚才的阴凉路段时，因为阳光的移动这儿也几乎全被晒到了。我看到一只弗氏纽蛛正要离开它简陋的巢穴。这是美丽且常见的跳蛛科种类，它们的头胸部光滑无毛，只在顶部的方形区域有一些浅黄色的短毛和低调的褐色斑，黑色的眼睛很容易分辨。

它的正面也十分简洁，一对乌黑的大眼睛嵌在头部的白毛中，明眸善睐。跳蛛很喜欢跟其他"心灵的窗户"对视，当然也包括镜头。这其实是一种炫耀，因为在同等体型的所有动物中，跳蛛科拥有无与伦比的视力水平。这使得它们在种间竞争中占据优势，一举成为蜘蛛目第一大科。

继续下行，在路边的土墙上有几只黑色的身影在跑动。第一只是我熟悉的短翅迅足长蝽，另外几只隆胸长蝽跟它相似，但又有些不同，黑色翅膀的中部外缘分别有一对三角形和方形的白斑。它们有什么用呢？

在电脑上盯了很久也没看出个所以然，我忽然意识到，有时候太过

关注细节，反而会忽略整体。于是我马上把图片缩小再缩小，当隆胸长蟠在图中只占一小部分时，答案跃然屏幕之上。

　　我看到了一只蚂蚁。第一对三角形的白斑作为收腰，在视觉上划分了蚂蚁的胸部和腹部（就像很多上装的假腰线）。至于第二对方形白斑，我猜测有两个可能的作用：首先它可以模拟某些腹部有成对浅色斑的黑蚂蚁；其次，功能同第一对白斑，但是抠剩下的黑色翅面显示两根指向斜后方的刺，这是某些常见且巨大的多刺蚁的特征。

　　因为是事后诸葛亮的观点，我当时并没有考察本地的蚂蚁。只有坚持不懈地积累经验，才能做出更科学和全面的临场反应。

　　我大踏步地下山，有一只八星虎甲又跑来撩我了。虎甲是昆虫纲奔跑速度最快的昆虫，堪称"虫界猎豹"。如果换算成猎豹的同等体长，它的时速将超过1000公里。昆虫的足，缺省配置称为步行足，由此特化出捕食足、挖掘足等。虎甲和蟑螂的足因为跑得太快，被称为"疾行足"。

　　虎甲和猎豹有诸多相似之处。除了速度最快，还有随之而来的一个缺点：耐力不足。一开始，虎甲总是摆出一副引路虫的耀武扬威模样，只有一句台词："你追不上我！"倘若真的穷追不舍，它很快便要气喘吁吁缴械投降了。

就我个人的拍摄经验，看见虎甲的最初，绝不用小心翼翼地接近，因为无论如何也很难接近到1米以内，虎甲身上的细节完全不能展现。所要做的就是大方地接近它，惊飞它，然后看准它落地的点，再次大方接近。如是几次，会发现距离越来越近，直到可以接近到20厘米以内，并且下蹲的动作也不会让它逃脱。在山路的急转处，虎甲决定再也不玩引路虫的游戏了！

于是我找了个舒服的姿势蹲下，用旋转液晶屏取景。虎甲科配备了巨大而恐怖的牙齿，是一架杀戮机器。贴在地上的相机从真正的昆虫视角出发，草丛中游荡的虎甲就像密林间潜行的猛虎。这只常见的中华虎甲有着绚丽至极的外表，金属质感包裹至每一毫厘的身体末端。

虎甲有时候会以一种"站立"的姿态停留片刻，其实是用高视角观察环境。但这个动作看起来非常像在思考"虫生"。我曾见过站在悬崖边陷入长时间内心冲突的离斑虎甲，真担心它得出了一个负面的结论后纵身跃下。

　　蒲儿根的花朵吸引来了一只管蚜蝇。它不但在配色上，而且在体形上都酷似蜜蜂。很多食蚜蝇身材都过于纤弱，虽然有黑黄警戒色加身，总感觉没有太多威慑力。而这只管蚜蝇和蜜蜂尺寸一样，身体粗壮敦实，很多刚刚学会分辨蜜蜂和食蚜蝇的小朋友，依然会把它划归前者。

　　管蚜蝇亚科（在食蚜蝇科种类中占比接近六成）的幼虫并不捕食蚜虫，它们是腐生的。古代欧洲人观察到它们从死牛的尸体中暴发，得出了"蜜蜂自牛而生"的结论，更被维吉尔添油加醋写入了《农事诗》。这个观点直到19世纪末期才被证伪。

　　快乐的小头蚯也来了，它在蒲儿根平坦的花冠上进食。菊科的花是辐射对称的，每一朵都很小，小头蚯餐毕还是干干净净，甚至都不用擦嘴。可是如果它想取食旁边小野芝麻的花蜜，事情就没有那么简单了。

　　唇形科的小野芝麻花瓣有分化，下唇宽大突出，上面点缀了紫色的斑点（还有我们人类看不见的紫外线标识）来吸引访花昆虫的注意。对于小头蚯来说，这里是醒目的停机坪。然而在上唇遮蔽下是最长的柱头和两长两短四根雄蕊。小头蚯降落后要往花冠里面钻，它的头会先把柱头顶到一边，然后被一对长的雄蕊结结实实地抱住，并在它毛茸茸的复眼上留下花粉。当它访问附近第二朵花并顶开柱头的时候，传粉就完成了。

　　小头蚯继续往前，终于喝到花蜜，此刻它那个巨大的驼背正被四只拿着粉扑的小手来回拍打呢。

　　对它来说最麻烦的莫过于，饱餐一顿后，又要花更多的精力来洗头。而且，那巨大的驼背令它同所有独自洗澡的大胖子所面临的尴尬一样，它无法够到自己的背！

# 沫蝉宝宝的泡泡浴

——

　　妍姐和海容制订了一份四月短期自然采风计划，其中一个行程地是临安天目山。她们从长沙和广州来杭州会合，作为全职奶爸，我去不了西天目，不过可以陪逛半天的杭州植物园。

　　杭植很大且园路复杂，我们用了大半个小时才成功会合。时隔两年，井冈山磨蹭三人组再聚首。

　　我们看到的第一只显眼的昆虫，是树木园的老樟树上体型巨大的弓背蚁未来蚁后。弓背蚁是树栖蚂蚁，它在树干上逡巡，寻找合适的筑巢地点。年幼的金蛛也在树皮的凹陷处织好了简单的圆形网。等它长大，

会找个宽敞的地方重新编织，并在网上用希腊语写下优美的诗句。

　　植物园内有各式各样的指示牌。有地图、导览，还有各种活动简介。有一些牌子因为经受常年的暴晒都已龟裂。而来源于不同矿物质的颜料有着不同的物理特性，它们以尺寸各异的最小单元裂开。这些纹理给原来的照片添加了一层特效，别具韵味。

　　我在草丛中发现一只花生米那么大的深灰色象甲，圆滚滚的背上排列着纯黑的瘤突。它的脚掌宽大，走起路来慢条斯理，我决定把它带回去做昆虫行走的步法研究。美中不足的是，它身上沾了好多泥巴。我想可能是前几天刚下过雨的缘故吧，我用小刷子帮它清理一下就好了。

　　仔细审视象甲的照片时，泥巴的对称性引起了我的警觉。原来，哪有什么泥巴，那些浅褐色的东西分明就是它身体的一部分！还好我没有笨到用刷子帮它清理时才发现，人家本来就是一只干干净净的象甲！这种拟态太真实了，如果它假死掉到地上，就是一块沾了黏土的小煤渣。每当被昆虫骗过，我非但没有懊恼，反而深深折服并且笑成一个傻子。

不论是"碰一鼻子灰"，还是"踩了六脚泥"，统统都是身体表面和着生的毛的原本颜色，真是奇妙的拟态。不过象甲失策的是，虽然它第一时间蒙蔽了我的眼睛，但它的憨态却让我不惧脏苦，坚决把它抱走了。

植物园里还有许多年代久远的建筑小品，有些鲜有游客光顾，自然之力逐渐将它们包裹。苔藓沿着建筑立面爬上混凝土窗格，并在水平面上展开它们的孢子囊。这里是微型昆虫的魔法森林。

我们追逐着花朵、昆虫和鸟，或分或合，走走停停。气温逐渐升高，大家在一棵鹅掌楸的阴凉下休息。鹅掌楸是漂亮的景观乔木，其叶片除了像鹅的脚掌，还像一件小马褂，俗称马褂木。这棵大树从根部发出了小苗，约莫有一人来高。

我在远处就看到了叶片上的泡沫，它是沫蝉若虫的作品，不过多数人会以为是不道德的过客甚至动物留下的口水。若虫用这种方式掩人耳目，躲过靠视觉和气味搜索猎物的天敌。整个若虫阶段它们都在洗泡泡浴，其皮肤吹弹可破。等它们变成成虫，就拥有了坚实的外壳和艳丽的色彩，并且靠昆虫界数一数二的弹跳力来逃避敌害。

给旁观者展示从泡沫中拨出来一只红色的小嫩虫子是我的拿手好戏。我二话不说，拔了根草叶就拨拉起来。可是泡沫快拨完了，虫子还不见踪影。我禁不住有点心虚：难不成等下要尴尬地告诉观众，这次真的是不道德的口水？在快要演砸的最后一刻，一只超级扁的白色半透明的小虫子忽的就出现了。

这只若虫可能是刚刚蜕皮，娇嫩欲滴。柔软的外皮居然无法抵抗几乎可以忽略的重力，摊扁成一张白色的脚垫。

几分钟后，像一只初生的羔羊，它在空气中获得了力量，摇摇晃晃地站起来，腹部抬离叶面。此刻它的身体除了复眼深处的淡紫没有任何色素，宛如一枚温玉。

要过几个小时，它皮肤本身的颜色才会显现出来。而它的腿和触角此刻还是透明的，就像超市凉拌菜区的人造海蜇丝。

裸奔的沫蝉若虫非常没有安全感，我们的观察结束后，它会尽快返回自己的浴缸里。这时，路边草丛里有一个浅褐色的影子冲出来，沿小路飞去。我赶紧跟上，但它飞得太快，在空中不能判断是什么昆虫。当它落在远处枯叶堆里的时候我死死盯着那个落点，只有这样我才可以在赶到

后把它从里面揪出来。

这是一只尺蛾。很多蛾子都是拟态枯叶的高手，它们通过各种附加表演使自己看起来更自然。璃尺蛾属旨在模仿枯叶降解过程中叶肉流失，只剩半透明的表皮细胞的过程。它们翅膀上用来模拟这个的透明鳞片，在我们看来就像窗玻璃一样，因此得名。不同种类的璃尺蛾翅膀上的透明斑大小不一，就像降解开始的不同阶段。这一只翅膀上有一半的面积是透明区域，窗墙比接近1∶1。它拥有璃尺蛾属中最直接的名字：玻璃尺蛾。

我赶回鹅掌楸的时候，一只黑红相间的二色赤猎蝽也来到了石板路上。它的腹部非常扁平，扁平到腹侧向上反折，像个托盘一样把翅膀盛在里面。而背部又非常立体，有一竖两横的深刻痕。从背后看，就像一个肥头大耳的红脸和尚耸肩而立，宽大的黑色袖子垂在身前，正在谦恭地聆听呢。

在鹅掌楸小苗的顶部，一只半大螽斯摆好造型正在休息。我见过的同样造型的螽斯里，它的位置最讲究。身在叶柄和叶片的交界处，很自然就会被当成新叶的芽苞。

鹅掌楸树荫下的草丛里，一只其貌不扬的黑色小蜘蛛正在用丝放风筝，然后沿着风筝线进行快速移动。由于我拍它的时候处在下风向，它的风筝自然就挂到了我腿上。我克服恐惧，在它攀爬过程中连续拍摄，然后在它上身之前破坏了风筝线。

这种分布广泛的白斑隐蛛出现在图鉴上的时候浑身黑色，其实它的腿上有特殊的微观结构，会呈现蓝色金属质感的结构色。但是它对光线环境极为敏感，只有角度巧合，才会展示最绚丽的一面。

我们离开鹅掌楸，来到一个小池塘。十几只蓝纹尾蟌在水面飞来飞去，相互比拼，炫耀技巧。

它们成功求偶后会停在水边的各种植物上完成交尾，可惜全是我难以接近的位置。不过当它们最后去水面产卵的时候，就好办多了，因为它们需要的是离岸不远的水草。雌性的注意力集中于产卵这件事，而雄性全程用钳状的肛附器紧握雌性的脖子，防止别的雄性趁虚而入。只要站好这最后一班岗，它就会是一个成功的父亲。它专心留意水面其他雄豆娘的动静，对于我这么大个人的靠近则没有平时那么敏感了。

　　这只雄性的合胸腹面堆满了一个个小圆球，数量众多。这是寄生于蜻蜓目昆虫体表的螨类，它们无疑对豆娘造成了极大的困扰，不过没关系，它将会有很多后代来传承自己的基因。


　　附近，巨大的黑纹伟蜓也在聚精会神地产卵。它抱住水面下方一棵水生植物的茎，用产卵器刺破茎皮，做成一个小口袋，把自己的卵塞进去，就像豆娘做的那样。

　　这种产卵方式的风险就是，雌性会受到水中掠食者的攻击而丧命。众所周知的"蜻蜓点水"是另外一种产卵方式，雌性

在水面上空悬飞，把卵甩下去，由于同水体没有接触，它们便规避了危险，产卵后可以全身而退。在人类社会诞生以前，这是一种更先进的产卵方式。蜻蜓把所有强烈反射天光的物体当作水面，在其上方甩下它们的卵。可惜，人类制造了越来越多的符合蜻蜓心意的固体"水面"，而且它们没有机会判断自己认为的水面是不是真正的水面。十几年前，我站在半圆形的青岛音乐广场中央，伤心观看一对红蜻耐心地把卵陆续摔向环形排列的几十个地灯，赶都赶不走。

自然界没有亘古不变的完美策略。

因为还要回去接娃放学，我们就此作别，我往北门匆匆赶去。接近出口的路边有一大片玉簪，我看到叶子下面好像有昆虫停在类似粉蝶的白色空蛹上。走近蹲下，发现是一只马蜂，那个酷似蝶蛹的东西是它刚刚建立的纸质巢穴，这是一只蜂后。

蜂后紧张地注视着我，并伴我的动作调整身体角度。它现在孤身一虫，第一批工蜂还未长大，甚至还未出生。在等卵孵化的日子里，蜂后无所事事，就像现在这个样子守卫蜂巢。

当幼虫孵化以后，它便终日忙碌，为孩子们寻找肉糜。为了防止离巢的时候蚂蚁顺藤摸瓜把无助的幼虫掳走，它会分泌有驱蚁作用的化学物质，并将其涂抹在巢柄上，以此阻断蚂蚁进来的唯一通道。

开始和结束时遇到的两位女王，祝你们国运亨通！

# 奔跑吧，长纺蛛！

———

## 上篇　杜鹃的舞台

从植物园北门进来，两排以杜鹃花为主的绿化带划分了车行道和人行道。令人惊奇的是，在车来人往的园区主路旁，这几棵不起眼的一米来高的不在花期的单一植物上，大量的虫子云集于此。

我看到的第一处昆虫的踪迹，是常见的包裹着植物细茎的一层白毛，就像这里发霉了一样。它是由许多只蜡蝉若虫的分泌物所构成的一种伪装。身披白色蜡丝的蛾蜡蝉若虫藏匿于此，靠肉眼我们几乎看不出它们的真正位置。当我折一片叶子去刮擦这些蜡丝，很快就有白色的身影从一堆毛茸茸里分离出来，躲避叶子的碰触。

当它们接近末龄若虫的时候，身体变大，不能隐藏在薄薄的一层蜡粉中，便离群索居，模拟那些见多不怪的柳絮。这些微小的昆虫有着最为不羁的朋克发型、类似爬行动物的眼窝和皮肤质感，仿佛是来自外星球的摇滚歌手。

它们的亲戚，广翅蜡蝉的若虫，则靠模拟另一种植物形态保护自己。它们只有尾部能分泌较直的蜡丝。刚刚蜕皮的若虫，黄白相间的身体看得很清楚，这时候它们的身体还没变硬，蜡腺就已经开始奋力工作了。

随着时间的推移，蜡丝变长、变密，像一把保护伞逐渐遮盖身体，直到看不见下面的虫子；直到它变成一枚我们眼中迷路的蒲公英种子，静静地伏在某片叶子的凹陷处。

蜡蝉总科都有很强的弹跳力，如果你去拨弄这枚假种子，若虫几乎会毫不犹豫地弹射，伴随清晰可辨的"啪"的一声，若虫已经在一米开外。然后它尾部的蜡丝像降落伞一样帮它缓缓落下。这个潇洒的逃脱方式只有一个缺点：下落的时候方向不能控制。有时候运气不好，就会落到蜘蛛网上……

叶尖上有一粒"白芝麻"，其实比芝麻还要小。我俯身凑近看，这团白色开始分化出略显不同的色彩，轮廓也变得复杂。这是龄期很小的叶蝉宝宝。

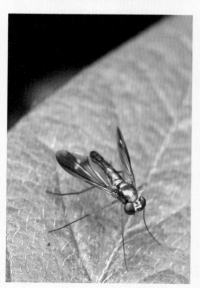

很多叶蝉若虫的头部形状以及两眼的着生方式都和两栖动物很像，特别是蛙类。这一只甚至连"虹膜"的特点都极为相似。

浑身金光闪闪的长足虻，依然守住一片自己喜欢的叶子，在上面跑来跑去。它们对闪光灯极为敏感，每次连拍都会令其起飞。但只要动作幅度不太大，它们就会像一个武林高手那样只是在镜头前闪转腾挪，却绝不从这块擂台上逃走。

广西蟹蛛在杜鹃顶端的叶子下面潜伏已久，但是没有猎物撞上门来。它的八只针尖大小的眼睛排列在三角形的红色眼丘上，就像戴着一个诡异的面具。它也是外星气质颇足的虫子，可以去跟蛾蜡蝉组个乐队哦！

憨态可掬的黑绒鳃金龟在每一株杜鹃上零星散布，其鞘翅具有天鹅绒的质感，让我每次都想去抚摸一番。拍摄它的时候，背景有一片枯叶不太好看，我想把它拿走。但是枯叶卡在了绿叶上，我稍一用力，惊动了鳃金龟。它赶忙使出祖传绝技，就势

一滚，打算从叶子边缘滚到地上。可是那片枯叶挡住了它，并把它弹回原来的地方，两次！鳃金龟每次睁眼一看，自己还在危险的地方！第三次它急眼了，铆足了劲，撞开枯叶，如愿以偿掉下去不见了。这番手忙脚乱用生命碰瓷儿的样子惹得我一阵大笑。

　　准备离开的时候，杜鹃枝头一片绿色的小东西引起了我的注意。要不是我以前跟它打过交道，这只酷似新叶的片头叶蝉就要从我眼皮底下溜走了。

　　这只叶蝉若虫所有的萌点就在一个"扁"字。它那扁得不能再扁的身体让我想起一句话：你无法捏扁一只已经扁了的虫子！

　　我透过杜鹃层层枝叶的掩映，在它内部的枝干上看到一个小突起。头凑过去仔细观瞧，却是一只隆线天牛。它摆出一种奇怪的姿势：中后足夹住枝条，前足抱拳托着下巴，长长的触须抿到身后，就像拼命捂住

狂笑嘴巴的双马尾女生——它居然在睡觉！

虽然今天气温不高，云层也厚，但现在也十点多了好不好！就是自诩"回笼教主"的我都看不下去了！

## 中篇　白蚁大餐

我告别饱受折磨的杜鹃花，迈步向南。四处散落的白蚁翅膀引起了我的注意。可能就在几天前，数以万计的繁殖蚁们在此进行了规模浩大的集体婚礼，其中的极少数有机会开疆扩土，其余的则沦为各种捕食者的盘中餐。每年一度的白蚁婚飞只有短短几天的时间，这场盛宴，天敌们翘盼已久。

各种结网蜘蛛是最大的受益者。它们所要担心的，仅仅是铺天盖地的白蚁不要把自己的网撞破。比黄豆还小的日本拟肥腹蛛，平时可没有机会逮到如此巨大的猎物。它骑在白蚁身上大快朵颐，稍有惊扰就赶紧悬丝下坠，等风声过了，再攀回原地，接着上一口继续吃。

　　进入浙江楠的栽种区域，我看到了潜伏在树干上的亚洲长纺蛛（得名于身后超长的纺器）。任何在它们的地盘上短暂停留的昆虫都面临巨大危险。

　　所有蜘蛛的雄性触肢都有着夸张的形状，很容易同雌蛛区分开来。雌性长纺蛛背部的绿色同树干上的苔藓完美融合，更难发现。不过当它举着一只同树干垂直的白蚁时，再笨拙的眼睛也会被吸引。即便它为了减小目标，用丝对白蚁的翅膀进行了折叠打包。

　　当我从不同角度拍摄进食的雌性时，它那体型略小的配偶在上方一尺左右的地方，对我虎视眈眈。在我突发奇想，想要挑逗一下雌性的时候，雄蛛闪电般地冲下来，做出扑击的动作，随即以同样的速度返回原位；与此同时，雌蛛横向高速移动，离开了那个可能受到攻击的位置。

　　然后我才反应过来我刚才应该是受到了惊吓，并且亡羊补牢，向后蹦了一米。

　　就短跑速度而言，蟑螂，乃至虎甲都对蜘蛛甘拜下风。因为昆虫纲虽然特化出远长于体长的触须、尾须和产卵管，但在腿长方面大多数种类却没有什么突破。可能是因为它们拥有飞行的便利性而不屑于此。而

游猎蜘蛛作为地面生物，奔跑是它们生命的全部。蜘蛛目的腿长动辄是身体的几倍，乃至十几倍。

雄性的行为是典型的伴护雌性进食，但是我没有找到相关的资料。在这区域内几乎每一棵树上都有一只进食白蚁的雌蛛，但是雄蛛并不多见。（没有雄蛛伴护的雌蛛在受到惊扰时也会横向移动，有时会放弃它们的猎物。）为了证明这个行为，一周后我带了朋友老王来做测试。我们顺利地找到了一个同样的场景：雌蛛取食白蚁，雄蛛在上方一尺守候。老王没有听从我用手指拨弄雌蛛的建议，而是找了根小木棍。但老王不愧是见过大世面的人，当雄蛛冲他飞奔而去的时候，他只是往后蹦了半米！

我在侧面两米开外看得清清楚楚。基本上可以得出结论：长纺蛛的雄性有伴护雌性的行为。而且就我们的切身体验来说，雄蛛不顾一切的冲锋动作可以吓退任何体型的掠食者。


天下武功，唯快不破！


我搜索更多长纺蛛的时候发现一棵部分中空的树，面向道路一侧看到的是完好的树皮，而另一侧，树干内部完全暴露出来。在开敞部分的顶端有一个小树洞，一只胡蜂正守在门口。

一个成熟的胡蜂巢穴具有致命的攻击力。我小心靠近，胡蜂并不在意。虽然它小动作很多，但始终没有要冲出来的意思，也没有正眼看我。我想莫非这是一只刚刚建立巢穴的雌性？那就没什么好怕的啦。于是我更加放肆，高举相机拍个不停。终于，胡蜂转过来正面朝我，伴随着身体的振动，做出一下一下的点头动作。

这可不是什么友好的表示，不过我一闪身，躲到树干另一面它就看

不见我了。我正打算从另一边绕回去继续骚扰，无意中低头看了下树根附近，那里堆积着数以百计的白蚁翅膀。我又扫视四周，其他树的底部并没有翅膀。

我想应该是职蜂们捕捉白蚁带回去喂它们的幼虫时，把翅膀卸下来扔在家门口的。刚才那一只是守卫蜂。

我马上做了个决定：拔腿就跑。

## 下篇　金蝉蛛的歪头杀

这时候天上偶尔还落几个雨点，我找到一座带外廊的小房子，打算在这儿吃干粮。附近的一棵壳斗科钩锥上，一只小小的金蝉蛛正在叶子边缘东张西望。虽然它身材苗条，可忽闪的大眼睛一点也不缩水。白色的触肢和脑门上的三角形白斑，外加前足腿节的蓝色金属光泽，在萌物云集的跳蛛科里也属于高颜值代表。

它秉承了跳蛛科一贯强烈的好奇心，对着相机研究个没完。大多数节肢动物一生中顶多有一次面对镜头的机会。金蝉蛛一定很纳闷：这世上怎么会有比我的眼睛还闪亮的东西？

　　它注视着镜头，而我则透过取景器注视着它。金蝉蛛可能觉得换个视角能看到更多秘密，于是果断把头一歪。这一记歪头杀瞬间让我的心萌化了！

　　和金蝉蛛互动了很久，它忽然一个跟头翻到叶子下面。原来从叶柄处冲出来一只风风火火的蚁蛛。蚁蛛和它的体型相仿，跑到叶片中央停下来，挥动着它用来模仿蚂蚁触角的第一对足，各种走位，像舞台上的歌星一样。

　　蚁蛛的表演持续了不到半分钟的时间，然后它匆匆离开，去赶下一场演出。

　　蚁蛛走后金蝉蛛马上回到叶片正面，觉得这个地方不够清静，打算放个风筝飞走。

　　不过金蝉蛛的几次试放都失败了。它把丝线缠回来，吃掉这些宝贵的蛋白质，包括缠在自己身上的部分。它抱着后足的样子很认真，像一个啃自己脚趾的婴儿。

金蝉蛛所在的叶片离地两米多一点，这个高度让我能够非常舒服地仰拍。我的眼睛长时间盯着取景框，心里想着多么可爱的虫子呀，只要它不跳到我身上。这个念头还没落地，取景框里的蜘蛛不见了！！

　　下一个瞬间，金蝉蛛又稳又准地落到了我的鼻尖上——它对我的兴趣远远超过我对它的。我居然保持了极大的克制，没有发出喊叫。一秒钟后，金蝉蛛认为这个油腻的地方一点也不好玩，它拽动来时绑的安全索，又跳了回去。

　　至此我们对彼此已经足够了解，可以去同类那里吹嘘自己的见闻了。然后我到廊下放包，喝水、啃饼。

　　这座建筑背面紧贴植物，外廊一侧是整排木质门扇且全部上锁，并不清楚内部功能。不过我在最靠外的门扇上找到一个东方菜粉蝶的蛹。绿色和浅褐的搭配本来是保护色，在朱色的门上就有点突兀了。

　　休整完毕，继续上路。刚走出去不到20米，左脚硬生生收在空中，没有踩到前方的一片枯叶。从正上方能看出枯叶上一对交尾的酢浆灰蝶，这两口子正为自己选了这么漂亮的大婚床沾沾自喜，情到浓时还要原地旋转，连我把这一叶扁舟放在手心里都没有察觉。

　　路边的广玉兰已处在盛开的末期，巨大的汤勺一样的花瓣耷拉下来，接住逐次跌落的雄蕊。一只采粉蜂发现这里也有巨大的宝库，不用费力飞行，躺着都能收集花粉。它高兴得抱着雄蕊打滚，手舞足蹈，就像一个扎进海洋球里的小孩。

　　头顶的卫矛叶片上有一只叶蝉，从侧面看的时候普普通通，草绿色的翅膀上有一条纵向黑带。但是当我轻轻扭转叶片角度，看到它的完整背面时，两片翅膀上的对称形拼接出高一级别的图案，简洁大气。在图形设计中，初学者

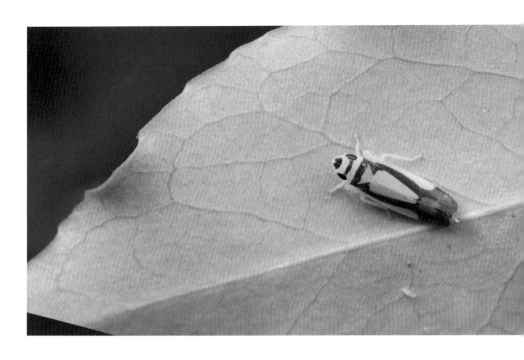

常会惊叹于一个简单、粗陋的单元形通过镜像、旋转和阵列等几何手法，创造出意想不到的美感。

在查资料的时候，我发现这只黑带脊额叶蝉的正模（模式标本）产地是杭州。也就是说，在1954年，它的某个先辈有幸被我国昆虫学泰斗杨集昆先生采到，并作为新种发表。正模作为描述本物种的权威参照，全世界只有一个并将被永久保存（另有若干副模作为正模遗失后的补充）。说不定我拍的这只就是正模（如果已经繁殖）的直系后代呢！这么一想，这个小东西愈发亲切起来了。

我靠近北门出口的时候，离预定回去的时间还有20分钟，遂决定再去山水园的湖边绕一圈。在路灯杆的凹陷处，我看到一只浅色的瓢蜡蝉。在微距镜头将它放大以后，动人心魄的细节出现了。阳光房一样的透明翅膀，端庄的绿色斑块，以及眼睛上形成的略带自然形态的褐色格栅花纹——这只瓢蜡蝉的身上融合了多种现代设计手法。

　　终于，在我去意已决的时候，我看到路对面的草丛里挂着一片可疑的枯叶，随风缓慢转动。我走近一些，认为是一只死掉的螟蛾，左前腿挂在草叶子上。我想看它背面的模样，便吹它一侧的翅膀，好让它转过来。其实因为关节限制这是不能实现的，当蛾子刚转到翅膀和我视线平行的时候它就又转回去了。我不甘心，继续大力吹气，然后这只蛾子忽然飞走了！

　　蛾类有很多拟态枯叶的策略，今天的这一种我还是头一回看到。我不禁怀疑刚才那看似不经意的轻轻旋转到底真的是风力所为，还是这个戏精调动前足肌肉做出的表演。

　　螟蛾飞到附近的灌木丛中，依旧是腹面朝外，单臂引体向上。想看它的背面，没门儿！

# 孔蛛的长途奔袭

—

今天带好朋友王恒去植物园。老王是满世界跑的极限摄影师，参与过多部纪录片的摄制。阴天偶有小雨，配备了强力闪光灯的我钟爱炎炎夏日的这种天气。老王对植物园比较熟悉，他领我进了离北门不远的百草园。这是一个种植了诸多药用植物的小园子。我们在凉亭处避雨，正好我很喜欢拍摄老墙上的虫子。

雨渐止，我们准备从亭子的另一头出去，走在前面的老王发现座椅的侧栏上有一只蜘蛛。我跟上一看，这蜘蛛可不一般。当即脱口而出："老王你立功了！"

一只肚子圆滚滚的拟肥腹蛛（球蛛科）在栏杆和墙之间结了个杂乱的空间网，它守护着一个比它还大的卵囊。距离球蛛一尺远的栏杆上，老王看到的模样怪异的跳蛛正在认真地观察它们。

这只跳蛛看上去一点都不可爱。它体色灰暗，后足紧贴身体，毛茸茸的腿到了跗节忽然干瘪，看上去像块小木渣。白色触肢并不像大多数跳蛛一样收成内八字来卖萌，而是摆成外八字，一副桀骜不驯的倔老头模样。

但是，这不是普通的跳蛛。它来自孔蛛属——跳蛛科最冷酷和富有智慧的杀手，以猎捕其他种类的蜘蛛为嗜。在2015年出品的BBC纪录片《猎捕》中，孔蛛有着近乎神话般的完美表现。

片中的孔蛛有两种方法对付结圆形网的蜘蛛。一般而言，孔蛛会用超强的视力观察周围的环境，在对环境取得三维认知的基础上，在它小小的头脑中规划一条路线移动到圆网蛛正上方的某个点，它从那里悬丝下降，悄无声息地来到猎物背后，发动致命一击。这个过程跟电影《碟中谍》中汤姆·克鲁斯演绎的经典场景一模一样。如果圆网蛛上方不存在一个可以锚固悬丝的点，它会来到网的边缘，拨动蛛网模拟撞网昆虫的挣扎，引诱视力极差的圆网蛛自己奔向死神。

　　孔蛛对付不同的猎物有不同的方法，这不是出于本能而是基于对现场情况的综合分析。它的行为有力反击了我们对于节肢动物认知水平的偏见。

　　现在，对于藏身在复杂的空间网中的球蛛，纪录片中的两种套路都用不上。但是孔蛛就那么趴在栏杆上，不时刷动的白色触肢表明它正在努力地思考。我第一次同孔蛛相遇就在这么关键的时刻，赶紧把三脚架支好。

第一张照片的拍摄时间是上午10点55分，我不知道此前孔蛛观察了球蛛多久，我把这一刻作为时间线的起点。球蛛的网在栏杆上有两个锚固点，拉出两根加粗的结构丝。孔蛛没有去拨弄丝线，因为空间网比较复杂，球蛛不能像平面圆形网的主人那样精确判断振动的来源，它的猎物主要来自于被空间网中心区域阻绊的飞行昆虫，这一招对它不管用。孔蛛长时间地观察，我猜一方面是为了判断这只球蛛是否缺乏警惕，另一方面——也是最重要的——是在分析这张看似杂乱的网的空间结构。

跳蛛科的清晰视距远达1米，这在节肢动物界是个惊人的数字。而结网蜘蛛主要靠振动感知周围的世界，近乎全盲的球蛛对近在咫尺的危险一无所知。这是狙击手和瞎子之间的对决。

第10分钟，孔蛛结束了第一阶段的观察，脑子里已经形成了初步的进攻方案。它往前爬了几步，将大半个身子探出栏杆，看上去快要掉下来了，只是为了更近距离地观察。

第14分钟，孔蛛开始行动。它采取了纪录片中没有的第三种策略：直接顺着空间网爬到球蛛身边发动进攻。

通过照片可以预测孔蛛的进攻路线。神奇的是，它并不是走一步看一步，而是一开始就把所有路线看好，然后付诸行动。

孔蛛绕开了它身边的第一根结构丝，选择稍远处的第二根结构丝作为奔袭的起点。我猜测，整个空间网就像是巨大的迷宫，第一根丝虽然离孔蛛近，但是综合诸如角度、分叉和拐点等所有因素，第二条才是最优路线。

从第一只足踏上蛛网，到最后一只足离开栏杆，这一小段动作必须足够小心，才不至于引起球蛛的怀疑。孔蛛无疑是这方面的高手，它用了两分钟的时间完成关键的几步。

第20分钟，孔蛛成功登网。接下来它身体倒挂，走走停停，一步步

逼近自己的猎物。对于观众来说这是漫长且无聊的过程，我的备用电池第一次派上了用场。经验丰富的老王把我的闪光灯放在对面的地上，用对焦灯给孔蛛打上了极为关键的眼神光。我激动地告诉老王，这只球蛛的生命剩下不到一个小时了。

经过长达40分钟的跋涉，孔蛛来到了距离球蛛只有两个身长的地方。可能是看到胜利在望，孔蛛的动作幅度稍微大了一些，这马上引起了球蛛的警觉，它转了个身，首先摸索了一下卵囊，确认它完好，然后向上探索，把自己与孔蛛之间的距离缩小到了一个身长。攻击随时发生，我和老王紧张得心都提到嗓子眼了！

球蛛停顿了两分钟，在此过程中孔蛛一直保持不动。然后球蛛仍然觉得不放心，继续上行。孔蛛看在眼里，悄悄地伸开它的前足。球蛛的足甚至碰到了它的敌人。

第61分钟，孔蛛出击了！球蛛迅速后撤，我们只看见两团模糊的影子在网上剧烈抖动——孔蛛失手了！

一切发生在电光火石之间。当时给我的感觉，是空间网的复杂结构阻碍了孔蛛的进攻路线。但是在对视频进行了逐帧回放以后，我发现球

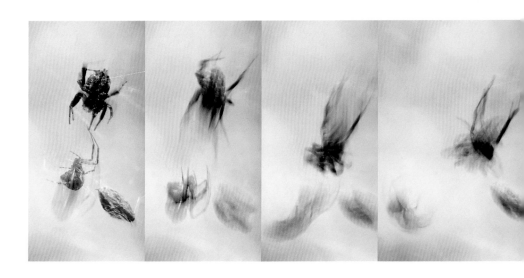

蛛在孔蛛启动攻击的前一帧就抢跑了。并且它更熟悉自己的网，猎手和猎物的对决在六分之一秒内就结束了。在孔蛛的剧本里，它应该突袭毫无防备的猎物，而不是追击一个疯狂逃窜的猎物。

接下来的几个瞬间，孔蛛遵从猎手们千百万年演化出来的攻击套路，一击不中即迅速退回原位；而球蛛则在短时间内经历了出于本能的三个条件反射：触碰到孔蛛的瞬间，逃跑本能成功救了它一命；在第2秒，母爱本能回到它的脑子里，它冒着巨大的风险想要回来抢救自己的卵囊；但是这马上被随之而来的第三个求生本能所压制。

因为球蛛是可以制作多个卵囊的蜘蛛，一个活下去的母亲比一个卵囊重要得多。于是它在第4秒做出了放弃卵囊的决定，并在安全距离之外迅速切断空间网的丝线，防止孔蛛顺着网线爬过来。最后，它干脆放弃了这张大网，垂丝到地面，去远方另觅新居了。

孔蛛孤零零地吊在那里好长时间，心情失落。不过它是智商极高的蜘蛛，可以从这一次的失败中吸取经验教训，运用到下一次的实战中。

最后，虽然有些自降身价，不过当务之急是填饱肚子。孔蛛抱住没有反抗能力的卵囊，不情愿地吃了起来。

# 泥蜂的外科手术

—

10月初，考察植物园新线路。今年的桂花开放较晚，不过拐进玉泉游泳池前的小路，马上香气扑鼻。

途经一个小池塘，胡蜂和蚱蜢跑来喝水，豆娘在此喜结连理，尚未成熟的赤条狡蛛则脚踏水陆两界，窥伺所有可能的猎物。它用三条足监控水面的细微变化，运气好的话，可以捞到距离过近的小鱼。

一只在树干上游荡的雌性金蝉蛛被我发现，我当即蹲下开拍。同时，我的举动令附近的一个小男孩感到好奇，他凑过来看个究竟。旁边响起年轻父亲的声音："别过去，爷爷在拍照呢！"

多少年来，我在外面拍虫子经常会被各年龄层误认为有着奇怪癖好的老人家，可能是头顶的白发比较多吧。可今天明明全副武装，渔夫帽遮得严严实实。看来我安静时会由内而外地散发出不可抗拒的沉沉暮气啊。

为了不令这对父子尴尬，我等他们走远了才扶着老腰站起来。

阳光充足的日子里，蜜源植物附近聚集了大量访花昆虫。蝴蝶的几个常见科都派出代表，特别是那些将以成虫形态越冬的个体，更要抓紧时间储备能量；花丛里总少不了远房亲戚甜菜白带野螟的身影，它讨厌自己蛾子的出身，想尽办法跟蝶儿们混在一起；胡蜂、土蜂和蜾蠃，以及拟态姬蜂的姬蜂虻，组成中等身材的黑黄警戒色阵营，令人眼花缭乱。

百草园中央院落式凉亭的墙上有很多虫子。这一次的新发现就是白墙上的白色长纺蛛。相机和肉眼看到的景象并不总是相同，在现场，没有一双好眼睛是找不到它的。

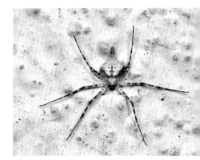

在任何一面墙上都会有蛾蠓的存在。它们是经常会从厨卫地漏钻出来的双翅目昆虫，幼虫生活在建筑（包括洗衣机）排水管道U形弯的水封里。你若将它拍死在涂料墙面上，会留下难以去除的黑粉。不过它对我们生活造成的困扰也就这样了，而且蛾蠓的触角和翅面上的黑白斑点其实很好看呢。

两只不同窝的大头蚁在墙上不期而遇。这里十分开阔而且是公共场所，相互礼让一下就过去了。可这二位都高傲得很，谁也不肯退步。小型蚂蚁都特别容易冲动，一言不合就开打！它们相互咬住对方的足和触角，拼命往自己的方向拉。

这个貌似静止的画面持续了很长时间，不知道的还以为两个好朋友在咬耳朵呢。终于，右前足被咬住的那一只落了下风，因为它只有五只脚可以抓住墙面用力。但想让它屈服也没那么容易，这两位无界线拔河比赛的选手以极其缓慢的速度

向上方移动。

　　旁边走来一位白发苍苍的老奶奶。她说墙上的东西她完全看不见，我便把显示屏里的大图展示给她，顺便科普了周围的几只小虫。没想到老奶奶居然很感动，用我尚不能完全听懂的杭州话夸奖了一番，末了说小伙子，我看你也就二三十岁的样子嘛。终于等到这句话了，我连忙把左手的几个指头伸到她眼前并且大声喊道："阿姨其实我已经，四！十！啦！"

　　狭长的百草园被中央凉亭划分为南北两部分。我在北侧兜了一圈，回到接近入口的地方。这里绽放着杭植最后一批石蒜（俗称彼岸花），用它们火红的生命同秋风抗争。巨大的麝凤蝶在花冠上翩翩起舞，引得过路的游人纷纷驻足拍照。

忽然，我注意到在三岔路口，有一团棕色的影子在地上急速翻滚。我快步向前，发现那是一只蟑螂若虫。巨大的身体表明它来自大蠊属，是江浙地区的常见种类。

此时的若虫像一头发狂的野牛，东奔西突，疯狂转圈，想要甩掉身上——确切地说是身下——一个小小的牛仔：一团蓝黑色的影子，牢牢抱住野牛的左后腿，任凭它摔打蹬踢，决不放手。

有好几个回合，我看到牛仔被当作蹄子的延伸在地上踩踏，若换到现实世界，这牛仔都不知道被踩死多少回了。然而微观世界的牛仔毫无惧色，在这段目不暇接的近身缠斗中，它还找准机会发动了关键一击。

片刻之后双方分开了。牛仔的身形舒展开来，在一边观察猎物的反应。它看起来比刚才大了一些，因为在激烈的搏斗中，它把身体团起来以减少伤害。这只散发着蓝黑色金属光泽的昆虫就是有着外科手术师之称的泥蜂——《昆虫记》中的明星物种。这一只来自蠊泥蜂科，是蜚蠊目的克星。关于蟑螂的身体结构，它们自幼便了然于胸。

昆虫的中枢神经系统，没有脊椎动物那样一个作为司令部的大脑，而是由串联于身体的几个主要神经节组成，它们相互之间比较独立。比如当蟑螂的头被砍掉，它只是损失了头部神经节以及相应的头部功能，但是身体的其他部分还可以运转很长一段时间；再比如雄螳螂负责交配的神经节位于腹部，如果雌螳螂十分饥饿并且速度够快，它可以在交尾结束前吃掉配偶腰部以上的身体！

蟑螂的胸部有三个神经节，主管三对足的运动。蠊泥蜂至少对后足神经节进行了重创，确认大局已定，才敢于放手到一边等待毒液生效。

一开始，大蠊若虫如释重负，开始向路边草丛爬行，想要逃走。可是它以正常姿势行动了不到10厘米的距离，就出现了严重的运动失衡，一下子摔得仰面朝天。

由于双方体型差距巨大，单次蜇刺没有把握，蟑螂有可能会缓过来。这时候泥蜂回来补刀了！

它控制住蟑螂的身体，蜇刺重点当然是后足神经节，这是主要运动器官。然后按顺序蜇刺中足神经节和前足神经节，最后是咽下神经节，这里主管颈部和口器各附肢的运动。蟑螂的一对上颚非常有力，也会对未来的泥蜂宝宝造成威胁，所以必须废掉。

几针下去，蟑螂已经完全丧失了自主运动能力，像一具柔软的尸体。然而它的各项生命体征还是稳定的。

寻找并撂倒一只蟑螂是第二步的事情，首先泥蜂要挖掘一个储存猎物的洞穴，或者是找一个现成的。紧张激烈的猎物捕获阶段已经结束，

接下来是更加考验体力和导航技巧的猎物搬运阶段！

泥蜂用上颚咬住蟑螂的触须，沿着石子路一直向西。这些凸出路面的鹅卵石成为运输过程中的巨大障碍，泥蜂相当于要穿越一个丘陵地带。

法布尔在观察飞蝗泥蜂搬运螽斯的时候发现了一个疑点：它必须咬住螽斯的触须进行搬运。当触须被齐根剪掉，虽然有那么多的腿和头部附肢可以当"把手"，但是泥蜂居然放弃了这个猎物！

飞蝗泥蜂的体型比蟆泥蜂大，甚至和自己的猎物相当，因此它是把螽斯衔在胯下进行搬运的。而蟆泥蜂要远小于大蟆，所以它只能拖着猎物倒退行进，并且让蟑螂光滑的背部接触地面以减少摩擦，就像拉着雪橇一样。泥蜂发达的复眼有着超广的视野，身后的环境也看得清清楚楚。

在搬运过程中它很专心，我可以近距离跟随。这个同《昆虫记》中部分重合的经典场景让我又兴奋又紧张，相机都用不好了。蟆泥蜂的行进速度很快，但行动路线几乎是一条直线，我决定以逸待劳，跑到它的

前面，用颤抖的手动对焦拍摄了一小段由远及近再远去的视频，从中截取了满意的画面。

行进途中，泥蜂有几次把猎物丢在原地，自行飞走。并不是我打扰了它，而是它需要去检查巢穴的位置，核对现在的路线是否正确。

后来，这辆小型挂车突然从石子路左转，开始穿越路边的草丛。这就比较麻烦，我从上空完全看不到它们了。不一会儿，泥蜂自己出现在草丛的另一端，并且钻进了凉亭散水边缘的一个水平方向的小洞里。啊哈，这就是它的巢穴啦！这个巢穴距离猎捕蟑螂的战场大约有30米。

我猜它们在草丛里也走直线，于是在泥蜂钻入和钻出两个点的连线上仔细寻找，蟑螂高度反光的褐色外壳被我发现了。

这是最后一次也是最重要的一次检查，耗时较多。然后泥蜂从洞里钻出来，找到蟑螂（我一直守在这里），把它拖了进去。这两个身影消失后，我在外面等了20分钟，不见泥蜂出来。

接下来的事情就比较简单了。泥蜂在蟑螂身上产卵，然后找土块把洞口堵住。泥蜂宝宝在安全的环境里享用这个鲜活的身体，在接近化蛹前才吃掉蟑螂的重要器官，让它真正死去。

在蟑泥蜂的搬运过程中，虽然绝大多数时间它是叼着蟑螂的触须前行，但我的相机也捕捉到了几个瞬间：它拖拽了蟑螂的下唇须！

蟑泥蜂拖着猎物"翻山越岭"以及穿越草丛的过程，让我忽然有点明白了为什么它们一定要把触须当作把手。因为搬运过程受环境影响甚大，肯定要遵从阻力最小原则通过所有地形。猎物瘫痪后，六足均无力地垂向后方，以触须牵引头部，可以让自己及猎物呈线形钻过狭小的缝隙。倘若牵引任意一条腿，则猎物身体会发生偏转，导致其被卡在小空间的外面。

那么为什么蟑泥蜂可以用触须以外的口器附肢而飞蝗泥蜂不可以

呢？我认为这是由猎物身体构造的不同造成的。直翅目昆虫的脖子都比较僵硬，后面还有一个坚实的胸背板，造成它们顶多能够做出一点摇头的动作，想要抬头是非常困难的。也就是说，只有触须能和前进方向保持一致，而口器附肢的方向是始终和前进方向保持垂直的，把握角度和受力都很不合理。但是蟑螂的脖子就灵活得多，拖拽下唇须时，它们可以做出抬头90度的高难度动作，让新把手同前进方向一致。

膜翅目昆虫，不算那些粗腰笨腿的素食者，从一开始就决心要成为一切陆生节肢动物的天敌。它们一部分发展为直接猎杀型的胡蜂军团和行军蚁，另一部分则成为各式各样的寄生者，同时也面临诸多困扰。幼虫和蛹的寄生蜂吃最鲜活的肉，但暴露在野外的寄主被其他天敌捕杀的时候，它们要跟着陪葬；卵寄生蜂在阴暗的角落里过着安逸的生活，但它们的体型因此被限制，沦为微型昆虫；泥蜂和蜾蠃把猎物存储在相对安全的洞穴和容器里，但是搬运过程辛苦且危机四伏。

经过一代又一代先辈们不断地尝试和发展，蠊泥蜂属中的某些种类终于达到了昆虫纲的科技巅峰。它们只攻击蟑螂的咽下神经节，精确麻醉其中主管外界刺激与行动应答的那一块微小区域，使这只肢体健康的昆虫丧失"自我意识"，在矮小死神轻拉触须的"指引"下，义无反顾地奔向自己的坟墓。

在那里，接受最后的外科手术。

**3**

Following
Insects

# 同处一室

一座正常使用的建筑，
除了同外界发生物质和能量的交换，
不可避免的，还有物种交换。
每间房子在本质上是一个开放的小型生态系统。
无论多么不情愿，
你也无法把虫子们全部清除。

任何时刻我们都不会孤单。
接受现状并坦然面对，
努力发掘它们身上的闪光点吧。

# 墙上的蝽卵

一

　　刚刚读完一本蝽类的书，兴奋之余我便跑到楼下去找蝽卵。前几年在小区绿地的花架墙上曾经见到过一堆刚出生的缘蝽若虫。所以我还是到那个地方去找。

　　经过了十几分钟的视盲阶段，我的眼睛一下子聚焦在一堆极小的卵块上面。它们的颜色跟墙面接近，单个卵长度不超过1毫米，按照2列排布。这肯定是蝽类的卵块，虽然以前不曾见过。把这些识别特征输入大脑以后，我的目光变得敏锐，很快发现了更多卵块。

　　这些卵的个数从10到30多不等，主要分布在1.5米以上的高度。大多数卵产得都很随意，参差松散，直线排列。但这不包括一位严谨而又有极高美学修养的母亲，它用致密对称排列的26枚卵拼出了一段完美的弧形。

　　这个花架跟小区建筑外墙使用相同的面砖，宽45毫米，我把图片导入软件中并适配实际尺寸，可以精确地量出卵的长轴是0.75毫米。根据这个尺寸以及人字形排列的特点，我把它鉴定为龟蝽科的卵。

　　花架下的光线比较弱，这张照片进行了长达10秒的曝光，画质仍然有些粗糙。但这丝毫不会降低这一堆小东西的艺术性。它们像一串成熟的麦穗（或是稻穗），被自己沉甸甸的果实压弯了腰。空的卵壳并没有看上去那么脆弱，它们坚韧且黏结牢固，已然是同墙面不可分割的高浮雕。更加难得的是，其他杂乱排列的卵块多遭寄生，而这一堆卵的寄生

率为零，可能连寄生蜂都懂得怜惜这件优美的作品而不忍破坏呢。如果放大100倍，它可以当之无愧地挂到美术馆里去。

　　孵化的若虫留下了十几个空坛子。昨晚有小雨，只需要不偏不倚的一滴，便足够将这里半数朝上的小坛子装得满满的。水会保存较长的时间，在这个垂直的戈壁滩上，对于一只跋涉至此的口渴小虫来说，会不会有发现绿洲一样的兴奋呢？

# 拟壁钱的死亡回旋

——

闷热的6月下旬，去学校监考。开考前我倚在窗口透气，无意中往外一瞥，看到室外窗台上有两个行为诡异的小东西。

一只个头很小的蜘蛛（拟壁钱科）停在那里，旁边有一只跟它差不多大的蚂蚁。后者的所有关节都摆出正在吃力前行的姿势，但它并没有向前移动半分。要不是动作僵硬了些，简直就是杰克逊的月球漫步呀。

蚂蚁的上颚也在夸张地开合，我知道它已经被蜘蛛用细到看不见的丝缠住了足，无法逃走了。但是蚂蚁并不想这么束手就擒，它努力用自

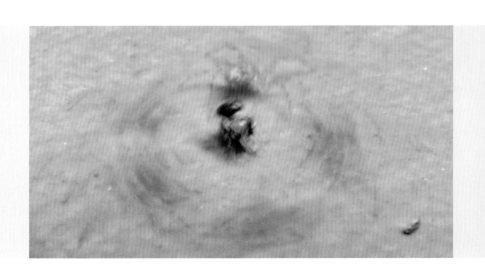

己的上颚去切断那些丝。这只蚂蚁的上颚同它身体相比显得巨大，蜘蛛并不想硬碰硬，它时而观察休息，时而以大约每秒一圈的速度绕着蚂蚁飞快转圈，放出更多的丝，并逐步对蚂蚁的身体进行捆绑，收缩它的挣扎空间。虽然蚂蚁也曾经挣破了几层丝网的包裹，但是随着蜘蛛不懈地回旋，越来越多的丝裹向它的身体，原本乌黑发亮的外壳也逐渐变得朦胧起来。

　　我用随身携带的卡片机进行了记录，蜘蛛转圈的时候，其实是背对蚂蚁，把腹后的吐丝器朝向猎物。它已经计算好半径，既不会绕得太远空耗体力，也不会离得太近被蚂蚁咬到。

　　这是以柔克刚的战斗，这一场景在很多动画片里都似曾相识。几分钟后蚂蚁已经丧失了大部分行动力，它放弃抵抗，接受命运。蜘蛛把它搬到了一个角落，就是旁边两块面砖之间略微凹陷的抹灰缝那里，开始慢慢享用。

# 随遇而安的红螯蛛

——

11月初，朋友送来些石榴。我忽然来了兴致要榨汁，于是搬出来尘封多年的榨汁机。操作到一半的时候，厨房台面上出现一只浑身奶白色的蜘蛛。

任何出现在家中的蜘蛛都是益虫。只需把它赶去看不到的角落即可，它会在那里默默捉虫，维护家里的正义与和平。

晚上我去看了它几次，它总在调料瓶和刀架之间羞涩地躲藏，而我并不希望它出现在这么危险的地方。这只蜘蛛的颜色并不惹人生厌，圆滚滚的肚子也颇可爱。于是我打算先把它收起来，明天再给它找个好去处。

我拿了一个透明的电池盒来装它。蜘蛛在爬行的时候，长长的第一步足像摇蚊那样高举摇晃，仿佛要表达胜利的喜悦。看来它视力欠佳，前足用以辅助探路。当受到惊扰时，它会猛地往旁边一跳，收拢步足静止片刻。这只腹部和绿豆一样大的蜘蛛最远可以跳出大约3厘米。但是顶多2秒钟后，它就挥舞着前足继续上路了。

它走路的时候不太懂得绕行，因此直接爬进了敞开的电池盒里。我把盒子扣起来，然后去忙别的事。半小时后回来，它居然在里面织网了！

这是一只红螯蛛，它曾经属于管巢蛛科，在野外会编织管状丝巢。但是今天晚上它结合角落的三个面做了一个狭小的密闭丝巢，这是越冬的打算。跟蚕宝宝织茧类似，先拉一些横七竖八的丝给下一步提供支撑，然后

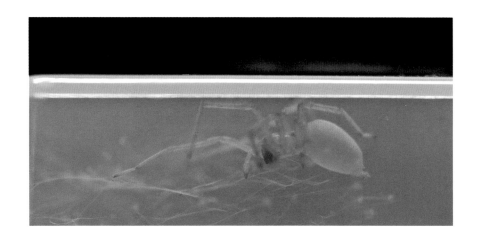

就像素描里画圆是从方形逐渐切角切出来一样，蜘蛛不停地做这些乱丝的切线，形成丝巢的主框架，然后尾部做S形摆动，给框架铺上衬里。如果你把蜘蛛的屁股看作蚕宝宝的头，它们的动作是一模一样的。

蜘蛛牵引结构丝的时候，需要在光滑的塑料壳上扩大黏结面积以增加锚固力量。通过透明的电池盒，我看到它尾部的六个丝器就像一只灵巧的小手，在壳壁上噼啪一通敲，仿佛击打键盘一样。手指翻飞，留下一朵朵微小的丝质梅花。这个有趣的场景在自然界是无法从正面观察到的。这个随便找的塑料盒子只有七成的透光率，但也足以欣赏到大部分细节了。

25分钟后，丝巢做好了。蜘蛛开始长时间地清理身体和步足，甚至超过了它筑巢的时间。

11月18日，最高气温达到26℃，是年末最后一次高温。我看到蜘蛛虽然还待在丝巢内，但是巢壁已经被它自己咬破了几处。它感受到了温度的升高，于是从家里出来透透气，找点食吃。可惜外面依然是密闭的塑料壳子，无聊的它只好又溜达回去了。

红螯蛛是生活在野外的蜘蛛类群，它们并不喜欢进入室内，因此这一只的来源应该是石榴箱子而不是放榨汁机的橱子。我送它回家前希望拍摄一点清晰的照片，便铺开一张白纸，把它从巢里移出来。但是蜘蛛在这个温暖的中午非常亢奋，一边挥舞着前足狂奔，一边呐喊着："胜利万岁！自由万岁！"我不得不用准备好的玻璃杯让它冷静下来，然后去吃午饭。

这短短半小时，它又开始织巢了——真是一只随遇而安的蜘蛛。在任何环境下，它都能用工作的热情战胜被囚的颓废。我不想它浪费宝贵的丝，赶紧打断它并把杯子正过来。幸运的是，接下来它开始绕着杯沿无休止地转圈。在它难得停下来梳理自己的几个瞬间，我终于拍到了它的眼式。八只小眼差不多一样大，我认为这种眼睛没有主次分化的蜘蛛视力通常都不好。长长的触肢（这代表它是雄性）像两盏倒置的蜡烛灯，挡住了尖端锋利的螯肢。

我打开厨房的窗户，把它从九楼吹出去。它会在下面的绿化带里找到自己的新家。

以上似乎是个圆满的结局，但现实是残酷的。我把相片导入电脑查看，蜘蛛背上的一个模糊的附属物引起了我的注意。它位于头胸部和腹部的交接处，灰色发亮，很明显这不是蜘蛛身体的一部分。我翻看前面拍的为数不多的照片，没有一张是清晰对焦到这个部位的。但是通过对比不同角度的模糊影像，一个恐怖的事实浮出水面：这是寄生蜂幼虫。

寄生蜂妈妈把卵产在这个蜘蛛的腿够不着的地方，幼虫吸食它的体液长大。虽然我让蜘蛛回到了自然环境中，它在短期内可以很快活，但可以肯定的是，明年春天它将没有机会活着走出自己新的越冬丝巢。

# 薪甲的视觉绽放

——

在厨房洗碗，一只小甲虫不知从哪里飞出来落在洗手液的瓶子上。一副仓储害虫的样子，个头还不小，体长达到了惊人的4毫米。我觉得它模样还不错，顺手找来个透明笔帽把它装进去，随便揉一小团纸巾堵住口。

两天后我想起来，发现它正挤在"试管口"的纸巾团那里，保持一个求生的姿势不动。当我把纸团拔开，它吧嗒一声掉在桌上，直挺挺地躺着，还有两条腿指着天，一副冤屈到不行的样子。我将信将疑，用一个亚克力小盒子把它扣住，开始调试相机。

果然，没多久它就缓过来，在这个透明囚牢里四处找出口了。鞘翅目都是装死的高手。

根据体型和鞘翅花斑，可以鉴定出这只小甲虫是长角象科的咖啡豆象。它是活泼善飞的昆虫，也许是从菜场被夹带回来，也许是从窗缝里钻进来的。它在盒子里爬来爬去不消停，直到遇见了一滴空调水。

就是位于我书桌上方的空调刚打开时吹出来的几滴冷凝水，其中一滴刚好被小盒子扣住。这只咖啡豆象看起来非常渴，就像一个刚刚跑完一千米的学生一头扎进了汽水店，它马上安静下来，伸长脖子——确切地说是伸长腰，连节间膜都露出来了——开始大口喝水，也顾不上收起露在外面的膜翅。

它喝水用的时间比我想象的要长。最后，它居然把那一大滴水都喝光了！而且，还嫌不过瘾似的，它执行了一次光盘行动，用左前腿搜刮壁面，把剩下的一点点水膜集中到一起，仔细舔干净。

虽然短暂的拍摄过程中摄影师对模特产生了一点感情（这可不好），但是对于这只出现在自己家的作为中国十大仓储害虫之一的咖啡豆象，我依然要行使一家之主的权力。

就在拍摄完毕准备收工的时候，我的桌子上多了另外一只小虫。亏了我昨天晚上很仔细地清理了桌面，这只比芝麻还小的虫子才能被发现。

我模糊看到它的样子有点像蚂蚁，拖着个又大又长的肚子。为了确定它是否值得继续花工夫，我拿了一个微型放大镜罩住它，用手电筒侧边打光，先肉眼瞄一下。

这一眼非同小可。强光下它那个丑陋的肚子忽然变成了金色的鞘翅！整齐排列的圆形刻点，像做成花生造型的纯金工艺品；它的头顶和胸背部还覆盖着一层珍珠粉，这简直就是一件行走的金饰，浑身散发着珠光宝气！

这虫子实在太小，可以轻松地从囚禁咖啡豆象的盒子缝里爬出来，然后被我不小心移动的放大镜压扁了肚子。它属于拟步甲总科的冷门小科——薪甲科，多为菌食性。它的出现，意味着我家里有地方发霉了……

　　昆虫及其他生命体之所以美丽，是因为它们有无限层级的细部构造，经得起放大欣赏。而人造品往往表面光鲜，放大后却只有丑陋无序的沟壑和划痕。

　　后来它掉到地上，跟杨蛙蛙的橡皮屑混在一起，万难分开了！

　　这只薪甲给了我不小的触动。一直以来，我心怀贪欲，寻找和发现昆虫世界的美，想要将其尽收眼底。一只如此不起眼的虫子，镜头下却展示出令人惊叹的风采。而它还有数十万形态各异的同胞，不管我懂与不懂，它们的美就在那里，讽刺着我作为人类的生命之短暂：穷极一生，也只能窥冰山一角。

　　我起初感到一丝绝望。

　　之后，唯留下对巨大未知的无限敬畏。

# 衣蛾的换装秀

———

想要第一时间发现室内的虫子，你应当对自己家的所有表面痕迹了如指掌，比如墙面上的突起、污渍和裂缝。

12月初，卧室墙接近天花板的地方出现了一小块新来的"泥灰"。我仰头看了一会儿，它在缓慢但有条不紊地上移，于是我马上踩着椅子把这个家伙抓了下来。

这是一只躲在毛线和脏东西编织的口袋里的半透明肉虫子。虽然我从来没见过它，但在书本里读到过它的故事。"衣蛾"这个名字一下子就跳了出来。

它是同蓑蛾类似，但生活在我们衣柜里的蛀虫。

我把它的小口袋放在纸上，静静等待。几分钟后，里面的小东西就按捺不住，把头伸了出来，紧接着是整个身体三分之二的部分。它四处张望了一下，选定一个方向，六条胸足扒住纸面，后腰一用力，一下子就把庞大的丝袋拽了过来。然后再伸长身体，就这样一弓一弓地前进。

受到惊扰后，它马上缩回口袋。但我已经知道它的耐心极差，就用镜头对准朝右的袋口，液晶屏放到最大，专心盯着。过了一会儿，袋口没有任何动静，袋子抖动了一下，然后向后移动出了屏幕。这怎么可能！

我赶紧把头挤到相机前面用肉眼去看，衣蛾正拖着它的丝袋嘿呦嘿呦地向左边前进呢！难道我刚才摆放位置的时候不小心转动过？

又试验了几次，终于发现：不同于蓑蛾一端封闭的树枝口袋，衣蛾的丝袋是两端开口的！当它感觉一个方向有危险的时候，就会凭借自己柔软的身体在里面从容转身，从另一个方向撤退。

有趣的互动结束后，我冷静思考了一下，应该是我家的毛衣遭殃了。衣蛾的食物主要是构成毛发的角蛋白以及其他形式的蛋白质。所以它只吃纯毛的衣服，对于纯棉和化纤的料子不感兴趣。我赶紧搜查走入式衣柜，把每一件毛衣都翻开检查。收获很大，除了在隔板底部数以千计的粪便颗粒，还有接近一打的毛口袋。衣蛾们在不同颜色的毛衣中间钻来钻去，选取自己喜欢的材料构筑丝袋。

在一件兔毛的衣服上，有一个明显的蛀洞；在衣柜角落里还有个已经羽化的空巢，它的样子很好地说明了衣蛾化蛹时要做的工作：它的幼虫期几乎都是在浅色毛衣中度过的，化蛹前，它们需要封闭两端的出口，于是它经过比选，从红色毛衣上裁下长纤维来进行最后的修堵。羽化时，这个蛹靠蠕动从一端挤出来，然后蛹壳破裂，成虫飞走，留下一段金针菇肥牛卷儿。

　　几只纯白色的可比卧室的那一只漂亮多了，它们就像裹着睡袋的赖床宝宝。刚刚吃过的毛线的颜色会在身体的前半段体现出来。

　　我把手头上一只小到看不见的死寄生蜂摆在衣蛾门口。它闻到了尸体的味道，很快就探出头来寻找了。并且，它直接把蜂的尸体拖进了袋子里！衣蛾应该是自然界重要的清道夫。

　　有了这么多的样本，我可以做一些实验了。12月12日，我选出一条大龄幼虫，用手机的开卡针戳进一头，慢慢深入，把它从另一头赶出来。这只裸体小虫的腹足已经半退化，因为它们不会被用来走路，但是爪钩很发达，用来抓紧丝袋的内衬。

如果在十几秒内我把丝袋从后面推给它，那么它会重新回去。但是从正面推给它则不可能。因为幼虫的本能是往后退入安全的丝袋，而不是往前钻。不过，要是把幼虫和一个空的丝袋放在离心管里过一夜，它一定会钻进去，而不管那个丝袋是不是它自己的。

这于是提醒了我，可否给它们换一些人工巢穴呢？

但是我去哪里找这么小的管状物体呢？思索良久，我能想到的东西，实际上都远远大于它们的需要。于是我开动脑筋，试图找一些类似的物体。我想起来用小刀削铅笔的时候，木屑会卷曲，同样切削塑料物体掉下来的薄片也会这样，而且卷曲程度更大，甚至能卷成一个小桶。我找到一支废弃的塑料笔，认真地削了一些碎片下来。

我费了九牛二虎之力，把编号为小H的幼虫从它的睡袋里请出来，然后和三条品质最好的塑料睡袋放在一起。

小H或许进行过尝试，因为它们仁被丝线固定，没法倒出来。但是塑料睡袋随着时间的推移持续张开，全部变成了C形。最终这些劣质品被放弃。

1月5日，小H自己在离心管盖子的位置吐丝做了半个睡袋，只能挡住自己的腰。我觉得饿着肚子编睡袋损耗很大，便把一只小叶蝉丢给它补充营养。它欣然接受，并且把叶蝉尸体啃噬得很难看。两天后，它构

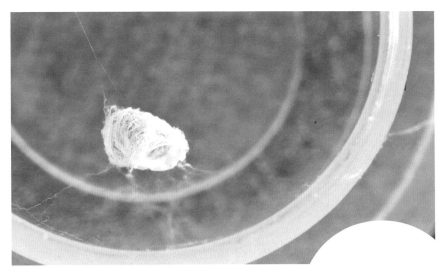

建新巢，并且把漂亮的半成品和丑陋的虫尸都缠到身上，这个场面看上去真是糟糕透了。

1月23日，奇迹诞生：一只漂亮的丝袋出现在离心管的盖子里。茧的两端用丝线固定。衣蛾幼虫把叶蝉身体的大部分吃下去，变成了洁白无瑕的丝来编织丝袋，剩下的小部分则镶嵌到袋子的表面。因为离心管里再找不到其他的东西，它还经过计算，特别留了两团碎片用来封堵袋口——我给的食物太丰盛，小H已经吃饱化蛹了。

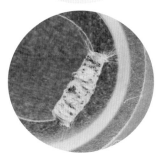

我万万想不到那个恶心的尸体能变成最终的这个样子。这真是一个名副其实的化腐朽为神奇的过程啊。

　　我仍不放弃对丝袋进行人工干预的想法。既然提供一个预制的成品有困难，那么就提供与毛线完全不同的微观材料让它自己编织进去吧。

　　会编织丝袋的昆虫，除了常见的蓑蛾幼虫，还有毛翅目（石蛾）的幼虫石蚕。它们在水质优良的小溪里以丝联结小沙粒来制作坚固的可移动巢穴，有些挑剔的种类会从沙子里仔细筛选玛瑙颗粒，做成的丝巢价值不菲。国外的设计师在人工环境中提供珍珠和小金箔给它，作品富丽堂皇。

　　我可没有这些值钱玩意儿，但我也想得到一个亮闪闪的丝巢，怎么办呢？

　　我首先想到的细微的金属材料，是小电器内部的多股铜芯软线。我找出家里的旧电线，剥去外衣，剪成1.5毫米的碎末。有一根表面还有银质镀层，这下金银齐备了。当它们散落在培养皿里用肉眼观察的时候，确实亮晶晶的很好看，但放大后就粗糙了很多，并且金属的重量给衣蛾造成极大的困难。

　　尽管如此，我选出来的小K还是努力工作，弄了一个我们俩都不甚满意的口袋出来。

　　在这中间我就已经积极寻找备用方案。一边苦思冥想，一边逛各种小商品店，一边从衣柜里找漏网的衣蛾宝宝。终于，3月底我在学校文具店里发现了既微小又闪亮的东西——按照颜色装在小瓶里的闪粉。它们由直径小于0.5毫米的彩色塑料反光片组成，曾用于舞台表演的脸部化妆，但是因为卸妆困难，现在只用于海报装饰。虽然这些闪粉按照颜色买齐花不了多少钱，但因为我只需要微乎其微的用量，相比之下也是极大的浪费。忽然，我发现装这些小瓶的托盘里散落了很多，于是，我向店员生硬地解释了一下，在她们疑惑的目光里，我用纸巾擦干净每个瓶子外壳，连同托盘里的，收集了不到0.1毫升的五彩缤纷，班师回朝。

　　我的衣蛾已经普遍蜕过皮，大个的接近蛹期了。时间紧迫，我赶紧把最大的小L捅出来丢进去。

　　一周后，它交出了完美的作品。

Following
Insects

# 生生不息

昆虫的智慧和精彩，
有时候展现于我们与它们的短暂相遇，
有时候则深入贯穿于它们生活史的各个阶段。
本篇描写对于昆虫的连续观察，
这也是法布尔最常用的叙述手法。

作为人类，我们很幸运，
能够在几个月甚至更短的时间内，
看透一个物种的一生。

# 果蝇和蜘蛛的共栖

—

### 4月6日

　　今天在滨河带的树枝上发现一只蜘蛛，它织了一个稀疏的扇形网，上面挂着两只白色的木虱。蜘蛛感觉到我的靠近，赶忙从网上撤到了邻近的树枝，伸直腿放低身体匍匐起来。它的背部隆起，褐色的身体上点缀着白色条纹和绿色斑块。这种保护色巧妙地同长了青苔的树皮融为一体，看上去就像树枝上的一个小凸起。并且它总是正确地待在接近水平方向树枝的底部，这里是阴影区，使得细节更加难以辨认。

　　在我的不断追拍下，蜘蛛换了几根树枝伪装，离它的网越来越远。我们俩都休息的当口，蜘蛛好像忽然想起来自己饿了，径直返回网上取了一只木虱来吃。那情形就像我们打开自家冰箱取一盒酸奶一样自然而随意。

　　蜘蛛带着木虱爬到附近的一根树枝上进食，那里一直有两只果蝇在转悠。木虱跟蚜虫一样小，十几秒就被吸光，然后蜘蛛伸展大长腿，压低身体变回接近匍匐的姿态。忽然，那两只果蝇不顾死活地凑了过去。我很激动，要拍到蜘蛛捕食果蝇的瞬间了！可是过了很久，并没有发生什么。果蝇钻来钻去，蜘蛛无动于衷。我脑海里忽然闯入一个大胆的念头：难不成这蜘蛛和果蝇的关系就像鳄鱼和牙签鸟，后者为前者清理口器？

捕食性虫子确实存在这样的问题，残留的猎物体液若不及时清理就会发霉，影响健康和行动的敏捷。比如我们常常看到螳螂舔舐自己的一对大刀。只有基于这个理由，蜘蛛才会允许果蝇在身边的存在啊。

回家后，我在交流圈里炫耀这个发现，马上有严谨的老师指出了诸多疑点。现在下结论为时尚早，我需要直接证据来支持这个共栖理论的猜测，所要做的就只有一件事情：继续观察。

### 4月7日

早上下了场雨，我下午赶到时发现蛛网已经被破坏，蜘蛛和果蝇都不知去向。

### 4月11日

原来的树枝上结了个大一些的圆形网，依然没有虫子们的下落。蜘蛛也许就在附近，看着它从网上离开并变成树枝的一部分很容易，但它已经藏好，要从几十根粗细不同的枝条里找出它来就没那么简单了。

### 4月13日

在滨河带的樱树上，我发现了难以置信的场景。一只雄性鳞纹肖蛸稳稳站在叶子上，像一把撑开的保护伞；而伞下，一只果蝇正心安理得地头顶蜘蛛脚踩绿叶站在那里！两只小虫的身体非常接近，我实在无从判断蜘蛛是不是正在进食果蝇。从侧面看，果蝇只是个可怜的猎物，而正面望去，它像端坐在宝座上的女王，戴了一顶硕大无比的蜘蛛王冠。

　　有那么一会儿，果蝇的脑袋貌似歪了一下看向我，这时候我仍然不能确定它的状况，也可能是已经软化的身体被蜘蛛的牙牵引所致。我对着它们俩呵送了一口热气，结果蜘蛛没动，果蝇非常利索地飞走了！

　　整理照片时，我发现果蝇其实一直在变换姿势。头一会儿扭到左边，一会儿扭到右边；一会儿身体水平，一会儿把上半身抬起来；一会儿还非常嚣张地踩在蜘蛛的丝线上——果蝇把脚搭在蛛丝上！它肯定还踩了好几下！由此可知，蜘蛛一定知道果蝇的存在但没有攻击它。那么现在剩下的任务就是找到果蝇主动性身体接触的证据。

### 4月14日

幸运来得如此之快。

经过半个月的连续采风，我已经熟悉了这百余米步道上的主要节肢动物，可以轻易地找出隐身于绿色叶子里的绿色蜘蛛。不过今天的场景十分有趣，一只跟上次一样的雄性肖蛸在枝梢叶丛的右侧，陪伴它的是三只果蝇。对称于枝条的左侧位置，总共不到6厘米远的地方，是一只雌性肖蛸。虽然我很期待能够见证激动人心的求婚场面，那三只果蝇也像伴郎一样怂恿了很久，可实际上在我前后六个小时的观察间隔里，两只蜘蛛的位置从来没变过。

但是我得到了我想要的东西。三只果蝇大多数时间静止，偶尔变换下位置，甚至走开逛一圈再回来。这中间蜘蛛是不动的，当我发现蜘蛛忽然一抖一抖的，我知道关键时刻到来了。我摘掉眼镜，近视眼在此刻变身微距镜头。因为它们可以获得比正常视力更短的最近对焦距离，在逆光下我艰难地看到其中一只果蝇伸出它那极小的半透明的舐吸式口器并且上翻，努力让自己"踮着脚站起来"，去碰触头顶上方蜘蛛的口器。当它碰到了，蜘蛛就会抖一下。

在大家都安静下来以后，一只果蝇停在蜘蛛身后并且背对着它，可是只要蜘蛛出现自己清理口器的动作（就像捋胡子一样），那只果蝇马上转身（它们的复眼可以看到360度的全景画面），凑近一点，如果觉得暂时还不值得出手，就回到原来的位置。

至此，我已经有了足够证据来支持我的推测。

由于我的拍摄对象极其微小，且位于微风摇曳的树枝上，照片只记录了"亲吻"前的瞬间，哪怕这个瞬间也已经耗尽毕生武功。

第一天的蜘蛛和后面几次的明显是不同的种类，但同为肖蛸科，台湾称为长脚蛛，即有着大长腿的蜘蛛。所以它们对果蝇的接受度可能相似。从观察到这一现象的频率判断，它是普遍存在的。但是果蝇这种拾人牙慧的获利行为算上它的时间成本，比起自己寻找食物得到的营养明显是亏损的。一定有我猜不到的原因促使它这么做。

滨河带面积很小，虫子不多，我曾想过另辟战场。因为几位老师的持续质疑，我才没有止步于最初的猜测沾沾自喜，进而观察到了更加精彩的画面。


## 5月12日

在2号楼南面的校友林，一株被修剪成球状的低矮的山茶上我看到一片层层叠叠的丝幕，这是漏斗蛛的地盘。

漏斗蛛在枝叶间编织漏斗形状的空间网。蜘蛛平时躲在漏斗的底部，当它感觉到漏斗口有猎物时就会跑出来攻击，如果感觉到危险就往漏斗深处再躲一躲，末端通常还会有一个逃生口。丝线纵横交错，很多小虫不小心钻进去，在贴近表面的地方艰难前行，但它们很难钻出来，甚至有些迷了路，钻到更深的地方去了。这里是真正的盘丝洞。

我习惯性地送一口气，蜘蛛马上转身，随时准备进一步撤退。我敏锐的眼角余光并没有漏掉关键细节：它身子底下有个小不点快速地往反方向蹿了出去，然后在重重丝帐的阻隔下减速并停了下来。定睛一看，居然又是它：果蝇！

因为有了以前的观察积累，我马上断定这只果蝇也是跟这只漏斗蛛临时搭伙，拾人牙慧。但是令我诧异的是虽然上次的两只蜘蛛结网形式区别很大，但好歹它们都是一个科的亲戚。而这一只已然是关系很远的漏斗蛛科，难道这种果蝇可以在整个蜘蛛目下畅行无阻？这真是一件有趣的事，今后我在观察本区域所有的"守猎型"蜘蛛时，可能都得先看看它们的牙齿边有没有果蝇。

蜘蛛心情平复后又转回身，长腿搭在漏斗口观察外面的形势；而果蝇则在它停下来的地方悠闲地攀爬，就像游乐场玩绳网的孩子一样。从刚才它蹿出去的速度看，果蝇可能比其他昆虫更熟悉这张网的性能。

蜘蛛扒在漏斗口的样子就像一位呼唤外面的孩子回家吃饭的妈妈，而全世界玩疯了的小朋友拥有相同的台词：

"再玩最后五分钟！"

# 糖宝的故事

—

## 相　遇

在整个滨河绿化带的乔木中，构树无疑是繁殖能力最强的，因为地上到处是它们的后代。从只有三五片叶子的嫩苗到一米多高的幼树，随处可见。

灰巴蜗牛就在它的餐桌旁边睡着了。不远处的粪便和食痕上的黏液就是它留下的证据。它们同时也提醒我：并不是所有的咬痕都是节肢动物干的。

一只广翅蜡蝉飞落到了乐昌含笑的枝间，但是它躲镜头的功夫实在了得，不一会儿就逃之夭夭了。这棵树上有很多鳞翅目幼虫，它们把叶片粘在一起，造成额外加重的阴影。我在围着乐昌含笑同广翅蜡蝉捉迷藏的时候眼角扫过这么一条类似的阴影，不过那是叶子上趴着的一只可爱的青虫。

这虫子低头耸着背，身体逐渐削尖，背面看像一根绿色的胡萝卜。这是青凤蝶属幼虫休息时的典型姿势，并且它们也是气质最接近电视剧《花千骨》里糖宝的虫子。我看到它的那一刻就决定了要抱走它，于是我叫它糖宝。

糖宝的"肩膀"上有两个极小的眼斑，如果用它来恐吓天敌还是有

点说不通的，我觉得它可能在模仿植物茎上用来进行气体交换的皮孔。

眼斑虽小，却要素俱全。眼白上的一抹橙红确实增色不少，外面的"眼线"真像是画上去的，边缘的墨水都渗进皮肤上的凹孔里了。关于瞳孔，大多数虫子是"画上去"的白色高光，但是青凤蝶属的这个部位比较特殊，它略微突出并且表面光滑，自身就能反射出真正的高光。

凤蝶科的大多数种类，通过末龄幼虫的眼斑就可以定种。这是碎斑青凤蝶的幼虫，它有个很难区分的近亲木兰青凤蝶，眼斑仅仅少了那一抹橙红。它们都吃木兰科植物的叶子，在演化途中应当是刚刚分开。

我把糖宝取下来，另外折了根有八九片叶子的树梢，装到一个塑料袋里，再放入摄影包去上课。

放学的时候，我发现它居然穿过层层屏障钻了出来，停在摄影包的顶部。它足部的抓钩和粗帆布连接得很牢，我一时拿不下来，而且还惹恼了它，翻出头部的浅黄色"Y"形臭腺摇晃了几下。那个东西是凤蝶科幼虫御敌时用以散发刺激性气体的。起初闻到一股叶片的清香，马上变为腐败的臭味。

我索性随它去，就这么背起包，让糖宝趴在我肩头看风景，拨开学生们赞叹的目光驾云而去了。

## 化 蛹

把糖宝带回家以后，我仅用一片乐昌含笑的叶子就把它从包上轻松诱骗下来了。然后我把树梢插在小水瓶里，这样可以保证叶片一周以上的新鲜，进食期的凤蝶幼虫是不会乱逛的。

我检查了装它们回来的塑料袋，里面有一粒干燥的粪便（这很重要），目前为止一切正常。糖宝在枝头爬了一会儿，选定一片靠下的叶子，开始吐丝铺床。它以后就在这片叶子上睡觉，饿了就去吃别处的叶子，吃完再回来休息。

然后我也同杨蛙蛙出门吃饭。等我们回到家，糖宝不见了！

我的书桌很乱，我揣摩它的逃跑路线，用手电筒搜寻每一个角落，都没找到。我仰躺回电脑椅喘口气，在高高的第四层书架的绿色书脊上看到了发呆的糖宝。我举起手机，这个更高的视角让我发现了它留在托板上的一坨湿软的粪便——糖宝要化蛹了。

这是判断幼虫期结束的可靠信号，接下来它将进入预蛹阶段。因为化蛹是一个浓缩的过程，身体内多余的水分要通过拉稀来排出。如果你养过几次蚕宝宝就一定会发现这个规律。粪便会越来越绿，消化程度越来越低，最后变成一小团刚刚嚼碎的叶片。

一切发生得太快。我检查采回来的叶子，其中一片上有咬了五六口的痕迹。可能糖宝正吃着，忽然觉得自己已经足够胖了，它不想变成一只胖胖的蝴蝶，于是做出了化蛹的决定。我需要一根自然一点的树枝来作为蛹的附着物，在家里匆匆转了一圈，抽出一根龙柳的弯曲干枝，截短后插在笔筒里。

糖宝不喜欢我给它选的新家。因为青凤蝶属更喜欢在平面上化蛹。它顺着龙柳爬到头，然后折返下来想离开。这可由不得它，考验我俩耐心的时候到了。我把乐昌含笑的枝叶搭在龙柳干枝的底部，这样它完成第一个来回的时候就自然爬过去走第二段路程。等它快完成第二关的时候，我就再把它放到第一关的起点那里。通过强光电筒照射它略微透明的身体，我可以看到消化系统的阴影，由此判断下一粒粪便的时机。

糖宝自始至终保持着凤蝶科幼虫的优雅，没有蛾类幼虫那种火起来就摔东西的架势。整个晚上我作为接屎官，成功接住了它的第二粒到第五粒粪便。当糖宝连续八次通关以后，它屈服并接受了主人的安排。所以预蛹的第一阶段要做的就是选定化蛹地点，安静排便。

我次日早上醒来的时候很高兴看到糖宝还在原来的地方，夜里排出的第六粒粪便也被我临睡前铺好的纸巾接住了。

这是它作为青虫最动人的时刻。身体缩成一个结实的三角形，四对胖胖的小短腿并拢在一起，就像一辆微型房车停在那儿。尾部的那个黑影是它正在酝酿的第七粒粪便。

15:30，糖宝排出了第八粒粪便。这是最后一粒，由于前面已经将计算过的多余水分都排掉了，这一粒反而比较干燥，是小个头的浅褐色粪便，它掉到纸巾上以后竟还弹到一边去了。至此预蛹第一阶段结束。

未来的蝶蛹靠尾部的一个点和腰部的一根带子来固定，就像踩在垫子上自缢一样，这种蛹叫作缢蛹。预蛹第二阶段的主要任务就是制作这

个垫子和带子。

17:40，糖宝变为头朝下的姿势，开始制作丝垫。鳞翅目幼虫的吐丝器都在下巴上，像一撮山羊胡。

糖宝每次吐丝都绕行龙柳干枝的大半周长，这是为了增加附着长度让丝更牢靠。它绕丝的时候需要用到第一对足，我姑且将其称为"手"。当它从左往右绕，先把丝粘在左侧，回到中间时动作会很缓慢，因为它要用"左手"钩住丝（手太短，不能保证一次成功），往远处稍微拉开一点，这样就造出一小段多余长度的丝翘在空气里。然后它把后面的丝粘在干枝右侧。同理，它从右往左绕回来的时候要用右手把丝钩住。经过近百次的来回以后，那些翘着的丝相互缠绕打结，构成了一个软绵绵的丝垫。整个过程大约10分钟，这个丝垫不久后将同蛹的尾钩连接，承担大部分重量。

丝垫做好以后，糖宝往下爬，然后掉头，经过它的丝垫爬上去。我以为它现在就可以把脚（尾足）放进去了，但是并没有，丝垫是为蛹的尾钩准备的，而不是预蛹的尾足。它的尾足直接跨了过去，然后停住，这时候尾足后面的短尾巴在丝垫上方。它蠕动尾部，轻轻地用其腹面摩擦丝垫。我猜那里肯定有丰富的感觉神经，用来确认位置是否恰到好处。它确认好以后，尾足收拢并抓牢丝垫上方（那里事先铺了一层薄丝），这个位置就固定下来不会改变了。然后糖宝开始休息。

随后我出去吃饭，还办了些别的事情。两小时后回来，糖宝已经把丝带做好了。其实做丝带的过程和丝垫差不多，只是因为这次需要的多余丝线很长，不是手指钩钩就可以做到，它必须用两对足拽着，身体使劲往后仰才能得到需要的长度。最后这些丝被编成结实的一束套在身

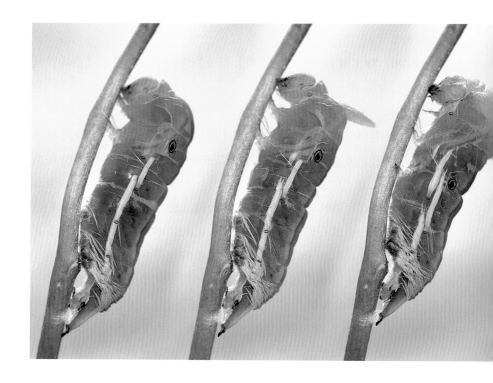

后，它是未来的安全带。

　　至此预蛹第二阶段完成，糖宝马不停蹄地进入第三阶段，消解作为幼虫的绝大部分器官。它的肌肉首先开始萎缩，五对腹足全都贴近身体，以至于前四对松开了干枝，身体悬空。现在糖宝只靠背部的丝带和抓牢的尾足来支撑，那根丝带嵌进体节的凹缝里，很牢固。它的头部器官也往后退缩，张开上颚，一副傻样，因为让它闭嘴的肌肉已经不起作用了。曾经黑色的几个侧单眼，现在已经只剩透明外壳，但可以看到它们在里面退缩的实际位置。在幼虫蜕皮的时候，这个特征非常明显，透明的眼壳后方是变大的黑色相似形，那是下一龄幼虫更大的单眼列。只

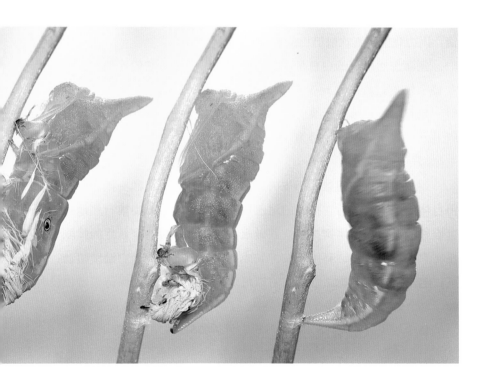

有这一次，它们变小了。

糖宝保持这个姿势差不多一整天，第三阶段的变化非常巨大，只不过我们从外观上看不出来。

第三天晚上，我从外面回来，糖宝的身体发生了较大的变化。它的背部出现了蛹独有的花纹，原来眼斑上的橙红色也消失了，一张充满幽怨的脸在注视着我。化蛹的时刻快来了。

21:15，糖宝头部开始出现皱纹，这是另外一个信号，它准备同这张幼虫的皮说再见了。

21:25，糖宝的尾部蠕动起来，演出开始了。

无论之前的虫子和之后的蛹多么可爱，蜕皮都不是一件美好的事情，因为我们不喜欢皱巴巴的东西。

侧面忽然出现的白色带子是原来的呼吸系统，它们连接各个气门。在整个蜕皮过程中，尾部是动力策源地，这部分的肌肉功能保留到最后。当旧皮蜕到那个折叠的角下面以后，它摆脱束缚弹起来，然后指向斜上方。这个部位仅仅是为了拟态一个叶柄，形似叶片的蝶蛹上的四条主脉都是由它发出的。

蜕皮快结束的时候，旧皮失去支持作用，糖宝把额头抵住干枝来获得身体的稳定。最后它把蛹的尾巴从旧皮中抽出，尾尖很自然地找到位置恰好的丝垫，用尾钩抓住它并做永久连接。然后这个新生的蛹剧烈地扭转它的稚嫩身体，利用干枝把皱成一团的旧皮蹭掉。它继续扭动，蹲下、起来，最后挺拔站立。它将以最后的姿势硬化，并保持僵硬很长时间，这个姿势必须足够舒服。

整个蜕皮过程大约5分钟，然后它再折腾5分钟左右安静下来。

　　我用这么冗长的文字进行描述，只是为了保证一件事情：如果有一天我的灵魂还未经转世就被塞入一只毛虫的体内，我得有足够的知识储备，知道所有的细节，才能把化蛹这件事一丝不苟地完成。

　　现在糖宝已经从圆滚滚的青虫蜕变为有棱角的蝶蛹。它翡翠般的身体充满了希望。这个希望将支持它熬过漫长的冬季，在次年春天飞向自由的天空。

## 告　别

　　经过接近半年的休眠，糖宝终于决定用自己可以成像的复眼好好看看这个多彩的世界。

　　4月12日，我整理北台，无意中看了一眼置物架高阁上的糖宝，发现构成它身体的物质已不再均匀地分布于蛹壳内。它们开始凝聚、整合，头角和尾尖那里变得空透。最近几日的连续高温触发了它的开关,它开始准备生命中最华丽的一次蜕变。

这个过程一旦启动就无法停止,现在即使把糖宝放冰箱也来不及了。因为我意识到,我拥有糖宝的日子只能以个位计数了,心中不免掠过一丝不舍。有朋友说这就是父亲嫁女的心情。

4月14日中午,去阳台取东西的时候不小心碰到固定龙柳的夹子,连同这只蛹一起掉落!还好被下面的软物接住了。这里太危险,我把它移到书房。晚上,杨蛙蛙对我说:"糖宝是不是快羽化了?翅膀都看见了。"

这一惊非同小可,我端详了一下,蛹壳下翅膀的斑纹确实很清晰了,腹部还略为模糊。现在距离羽化要按小时来计了,而我一点准备都没有!我手忙脚乱地掏出各种摄影器材,在房间里奔跑找东西。慌乱中我错误地判断了糖宝的羽化时间,我只觉得它等不到零点了!

晚上11点半,大致准备停当。

然后就是漫长的等待……

这个阶段,糖宝除了体内正在发生的巨变,还有就是蝴蝶身体和蛹壳的分离。蛹壳的透明度会越来越高,最终将失去承载力而不再挺拔。

我仿佛感觉到糖宝对我同样存在不舍,第二天是周六,但我守候到凌晨3点多仍不见动静。于是我先上床,闹钟设定每隔40分钟提醒一次。这样折腾了几个小时后终于身心俱疲,责任感下降,天都亮了我还起不来。在7点10分的那个闹钟响起后,我睁开蒙眬睡眼,赫然发现糖宝已经钻出来啦!

其实守候也只是为了见证糖宝破蛹的瞬间,能否拍到就看运气了。跟蝉的漫长羽化过程不一样,蝴蝶的蛹壳裂开只要几秒,接下来的十几秒,整只蝴蝶就出来了。根据糖宝目前翅膀的皱巴程度,它至多是7点整

破蛹的。

大多数蝴蝶都不作茧而直接化蛹，靠坚硬且融于环境的蛹壳保护自己。"破茧成蝶"是一个流传已久的误解。

糖宝用力把体液压入翅脉，让翅膀伸展。多余的水分会以小水柱的形式从屁股排出，十几分钟一次。受到惊扰时也会排水。

因为从蛹壳爬出来主要动用前足和中足的力量，糖宝的后足明显没有力气，休息的时候也只是搭在龙柳枝上。典型的棒状触角摆在脑后。翅脉成形后需要一段时间硬化，这时糖宝开始整理它那发条一样的虹吸式口器。它检查组成吸管的各个部分衔接是否顺畅、严密，有没有漏水的地方，然后口器反复地卷曲、开合，像小孩子玩的吹胡子瞪眼玩具一样。

鳞翅目昆虫翅膀上的花纹皆由鳞片组成，鳞片就像是位图的一个个像素，不单记录了颜色值，甚至还包括透明度，那些淡青色的半透明鳞片，构成了糖宝翅膀上的小窗户。

羽化后两个半小时，糖宝展翅完毕，翅脉已经全部硬化，触角也有力地指向前方了。美丽的碎斑青凤蝶就在眼前，从它微膨的腹部看出来这是个女孩子。它把翅膀张开到90度夹角，开始振动自己的飞行肌，为第一次升空做准备。

几分钟后，糖宝认为可以驾驭自己的飞行肌了。它毫不犹豫地离开龙柳枝和空蛹壳，向阳光召唤的方向飞去。

当然，糖宝被玻璃拦住了。我用一个大的亚克力盒子把它收进来，去楼下找到跑得满头大汗的杨蛙蛙，让她举行了一个简单的放飞仪式。

至此，糖宝告别了我对它半年的照顾，去追求属于自己的生活。不过它把蛹壳作为纪念品，留下来继续装点我的书柜。

# 潜叶甲的花样游泳

——

17号楼西侧有两棵比邻的柚子树，在4月下旬受到了潜叶昆虫的严重伤害。

绝大多数叶片都惨遭毒手。蜿蜒的淡黄色潜道遍布其上，中间是黑色的粪痕。潜叶昆虫囊括了四个最大的全变态目，但以潜叶蛾和潜叶蝇最为出名。仅凭潜道不能分辨，除非把它们从里面掏出来。

遭受潜食的叶子在其他因素的联合影响下，叶绿素的制造能力减弱，叶片上出现深浅不一的颜色。若是离远了看，这些痕迹呈现出一种装饰画的味道，多少会带来一些美的视觉感受。但叶片在持续的攻击下，最终将脱落。

潜道里的幼虫都很肥硕，透过薄薄的表皮看得到它们被挤扁的黄色身体。让我感到纳闷的是有一些潜道非常短，它们怎么可能只消耗了如此少的叶肉就长成了大龄幼虫？这不科学。

某一片叶子上，有一条幼虫顶破表皮钻到了外面。从它短短的六足和骨化的头部，我可以排除潜叶蝇的可能了。它经过短暂的跋涉，爬到叶子背面停下来。而它的邻居依然在狭窄的潜道里缓慢摆动头部，不慌不忙地进食。我在其他的叶子背面找到了少量龄期不一的幼虫，它们身体悬挂，一动不动，好像死了一样。

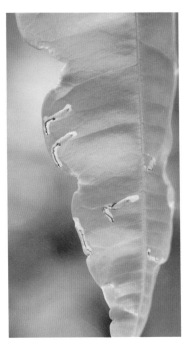

对几个潜道进行了仔细观察后，我发现粪便形成的粗黑色痕迹并不是简单的一股。它由更细的部分扭曲缠绕而成，有点类似于染色体的螺旋。可见幼虫的进食、消化和排便是一个连续而均匀的过程，从未间断。它们把头部前方二维的叶肉变成尾后一维的细粪丝，降维以后，粪丝只能折叠。

另一片叶子的背面也有粪丝，但它是在叶子外部的。虽然仅此一例，但也是不可忽视的疑点。几分钟后我回来

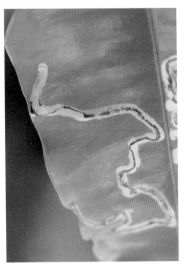

找那只钻出来的幼虫，它不在叶背。于是我很自然地去地上找，居然发现了很多只，它们在苔藓间活跃地爬行，打算要钻进去的样子。

虽然有很多疑问，这一天拍摄结束时我仍然得出了这样的结论：幼虫在成熟后从潜道中破壁，掉到地面入土化蛹。

因为幼虫小到看不清，我几乎认定它们是潜叶蛾。这时我幸运地得到了相关领域老师的帮助：它们是鞘翅目的枸橘潜叶甲。

几天后我再去观察，发现了极端的例子：有一只幼虫的潜道仅仅能包裹它的身体！这条潜道是绝对不可能从卵开始的。我检查这个容身之所的背面，发现了开口和一小堆粪丝。于是我扩大搜索范围，终于找到了一个中间状态的例子。叶子正面的幼虫只有小半个身体，它的后半身，就是我绕到叶子后面看见的，还暴露在叶背的空气中。有一段粪丝从它的屁股一直歪歪扭扭地连接到叶子上，那里有比较粗的一盘。

在收集了足够多的例子以后，结合我的观察和分析，幼虫这一阶段转移潜道的奇特行为浮出水面：出于某种尚未证明的原因，在叶片内部吃到一半，还在长身体的幼虫决定换个地方。就像我们在餐厅吃饭的时候因为某些原因想要换张桌子，甚至换家餐厅。于是幼虫在头顶薄薄的叶片正面表皮上制造出口，爬到叶子背面重新做一个入口，再进去继续吃。它有时会换片叶子，但一定是从背面破门而入，因为它进门的过程非常、非常缓慢，正面太危险了。

　　它们趴在叶背上咬开一个入口，通过把叶肉吃进肚子再排出粪便的方式来形成新的潜道。最开始的时候它并没有移动位置，所以屁股后面留下了一盘加粗的粪丝。继续往里推进的时候，麻烦来了。由于鞘翅目幼虫只有前面三对步足，而不像鳞翅目幼虫在身体后部还有强力善攀的腹足，所以潜叶甲幼虫的胸部进入叶片以后，留在外面的身体没有任何抓握的手段得以继续趴在叶片上，于是这个僵直的屁股就慢慢地翘起来，等待前面胸足的拖拽，一点点将自身没入叶片。其次，它的肛门好像不能切断自己的粪便。于是，在完全靠嘴巴和肠胃吃出一片天地的缓慢过程中，逐渐固化的粪丝忠实地记录了幼虫尾端的运动轨迹。

　　转移潜道可发生在幼虫的各个龄期，每一次成功的复潜都会在外面留下一堆粪丝。那些最新鲜的潜道外面保留了完整的拱形雕塑，通过这些作品我可以让时光倒流，看到幼虫潜入时的滑稽模样。当我在现场得出这个结论时忍不住笑出声来。

　　如果我们把叶面看作水面，把垂直于叶片的高度坐标进行不均匀缩放，则叶片变成了泳池，而幼虫则成为跳水选手。它们用头部突破水面，身体垂直入水并且没有溅起半点水

花！然后跟我们观看跳水比赛时一样，选手们水面上的腿保持竖直的时候，水面下的身体已经开始翻平。接着我们看到水面下的身体轻松潜游一段，从另外一个地方冒出来。

　　如果我们把时间尺度加快一百倍，在十几天压缩而成的几个小时内，这两棵柚子树上数以万计的潜叶甲幼虫欢快地在不同的泳池间穿梭、跳跃，尽情嬉水，共同上演超级庞大的集团式花样游泳。

　　又过了几天，所有的幼虫全部消失。被残害的叶片大多数都自行脱落，像飞船一样把乘客们安全载到地面，幼虫钻出来入土化蛹。在叶片掉落前成熟的幼虫则钻出来自己跳下去。当我在附近拍摄其他昆虫的时候，在无风的情况下平均每隔十几秒就会传来一片叶子掉落的声音。它们有时会组成由远及近的急促脚步声，吓我一跳。

经过大约一周的短暂蛹期，地下的潜叶甲军团苏醒了。它们羽化成为体长3毫米的黑色小甲虫，头部橙色。小部分沿着树干向上爬，大部分直接展开翅膀飞到柚子树上。那里有它们幼虫期蹂躏过的残存叶片，还有柚子树利用潜叶甲化蛹时的喘息之机发出的新叶。

现在它们换了一种进食方式。咬破叶背表皮，取食叶肉，保留叶面表皮。在幼虫挖掘的蜿蜒潜道旁边，成虫开凿出了一个个透明的斑驳孔洞。并且，它们终于可以排出一粒粒分开的粪便，摆脱了屁股上始终粘着屎的尴尬。

现在我们把时间尺度加快一千倍，把这一个多月发生的事情压缩到几十分钟。在柚子树刚刚满怀希望散开的夏梢嫩叶上，无数支看不见的笔在上面画下白线。叶片长大，线条越来越多，越来越乱，伴随着潜叶甲幼虫沸腾般的花样游泳，叶片变浅、变黄、卷曲脱落。在乘船幼虫的鹅毛大雪中，夹杂着另一批徒步幼虫的黄色暴雨。

风平雨静之后是短暂的安宁。好景不长，嘈杂声中，一片黑色的云雾自地面的枯叶堆中冉冉升起，把两棵不幸的树再次笼罩在悲剧的阴影之中。

# 蛾卵盖高楼

—

暑假结束后，我成为2016级建筑学专业新生的班主任。在他们军训的时候，我赶来给小孩子们拍了几张照片。然后一闪身，钻入滨河绿化带。

刺蛾特攻队在石楠上留下仅存主脉的残叶，像一把魔幻片里风格怪异的剑；酢浆灰蝶在构树苗上暂时歇脚，它们是为数不多的不是黑眼睛的灰蝶；浑身通红、处于少女阶段的杯斑小螳在莎草间飘忽，未来的配偶就在不远处静静等待她的成熟；体型稍大的褐斑异痣螳举着尾部蓝莹莹的火把，跟我玩捉迷藏的游戏。两个月不见，虫儿们纷纷跳出来表示："我们想死你了！"

在比我略高的桂花叶子背面，我看到一小团模糊的东西，它有很多种可能，不过最大的可能就是昆虫的作品。

我凑近了看，辨认出这是一堆浅褐色的卵块，像小米但小得多的几百粒卵，仿佛谁不小心在这里洒了一点小米粥。与众不同的地方是：它居然有上下两层！

卵块的表面覆盖着一层细毛，这可能是它们的母亲把腹部的毒毛脱下来为卵提供的保护。不管是谁家的，两层卵叠放的情况我是从来没见过的。且不说光线和透气，最简单的问题：底层的幼虫孵化以后，钻出来可是要费些力气的。

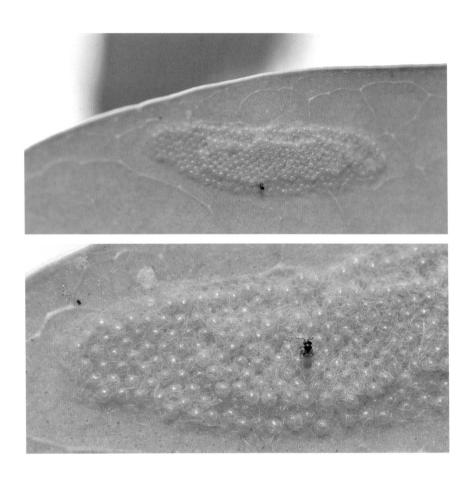

　　忽然间我发现一个极小的黑色身影出现在卵块上——寄生蜂大驾光临。其实它一直都在，只因为太小而很难引起注意。

　　这只算上翅膀都不到1毫米长的黑卵蜂专门寄生昆虫的卵。看来母亲覆盖的毒毛只能抵御想要取食卵的天敌，而对于卵寄生者并不能起到有效的防卫作用。卵蜂在"毒草<u>丛</u>"中跋涉，不慌不忙地产卵。我在这附近的一个小时内，它都没有离开。看上去它不想放过任何一枚卵，这是要赶尽杀绝吗？

下一秒钟我就明白了两层虫卵的意义：因为有这种地毯式寄生策略的卵蜂存在，如果蛾卵是一层平铺的话，那么它们肯定会全军覆灭。通过两层叠放，让外层虫卵充当自杀式盾牌。微小的卵蜂可以寄生二楼的虫卵，可它无法突破它们去寄生一楼的虫卵，于是大约三分之一的后代拥有了孵化的机会。

2018年夏天，我开始在植物园夜观。对我这个特招蚊子和狂出汗的人来说，夜观最显而易见的好处就是凉爽和蚊子少。

我用强光手电筒寻找昆虫，一棵亮叶桦引起我的注意。在它伸展到小路上方的枝条上，是逡巡在蟥卵上的几只小蜂。在这棵树另外一侧伸向草丛的枝条上，我看到两只停在叶背的斜纹夜蛾。

它的幼虫是臭名昭著的大害虫，虽然我很少使用这个字眼。它的食性极广，曾被发现攻入我家三次：一次是出现在菜场买来的青椒里，一次吃光了我种在阳台的辣椒叶子，还有一次是在争抢玫瑰花瓣时上演了一出同类相食的惊悚大戏。

此刻，两只成虫都比较安静，对我翻转叶片的动作也不在意。我很快发现它们如此不受干扰是因为正在专心产卵。

卵的表面覆盖了一层毛，看上去只是淡黄色的一小团。这卵的排列方式让我立刻想起两年前在校园里看到的神秘卵块。今晚最大的收获就是，终于知道两年前卵块的主人了！

曾经，关于是否存在更高层数的卵块，我觉得可能性不大，因为位于底层的幼虫孵化后会难以突破头顶的重重障碍。但是这个判断在两年后被眼前的两只斜纹夜蛾用实际行动推翻了。

我在现场就已经发现，蛾子产下的卵可不止两层！

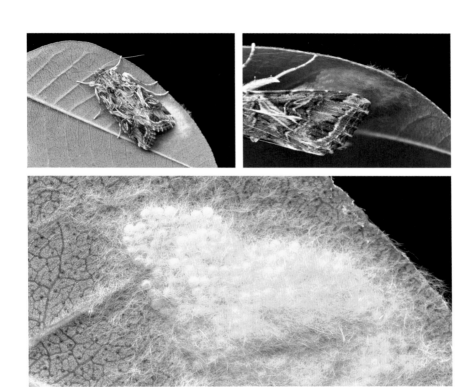

　　雌蛾并没有盖完一层再加一层。它像一个砌墙机器人，按照一个斜面退台的样子把这座多层建筑横着砌筑起来。我来的时候建筑处于施工中段，斜面已经形成了。它先在一楼的卵前面加一排，形成新的平台，然后在上面加二楼的一排，然后是三楼的。接下来它继续添加一楼的卵，以此类推。每过几排，它会把腹部的细毛蹭下来覆盖卵壳。

　　同雌蛾腹部露在外面的毛相比，卵块上的毛明显要细很多。它们紧密排列在腹部的最后一节，平时腹部缩起被前面的粗毛遮蔽。雌蛾产卵时把细毛蹭下来，变得蓬松，看上去具有很大的体积。这些毛会引起过敏，具有一定的防御能力。但目前看来它们应该更多是用于对卵块进行伪装。

蛾子产卵是很缓慢的，我把这棵亮叶桦彻查过以后，继续前进。一只梨片蟋正在羽化尾声，它离开末龄若虫的蜕，吊在叶片边缘，把婚纱般的后翅抖松晾干。再过几个小时，它会把变硬的后翅重新折叠服帖，然后高举并摩擦前翅，加入鸣虫们的音乐会。

拟态大枯叶的变色夜蛾因为自身的反光度要高于植物，在手电筒的照射下比白天更容易发现。听它的名字就知道这家伙身上的花纹多变，主要素材就是前翅中室附近的五个深色椭圆斑，它们可分可合，相当任性。

当我回到亮叶桦，两只夜蛾都已经产卵完毕并飞走了。我仔细看了较大的那一堆，居然有四层！

这一点比较容易解释。层数越高，意味着有更多的卵处于内部受到保护，而更少的卵在外部充当盾牌。等同于相同体积下，球体的表面积最小这个原理。但我心里始终有个疙瘩解不开：底层的幼虫怎么出来？

三天后，我观察蟥卵的时候顺便查看夜蛾卵块。它们居然已经孵化了！也就是说，从产卵到孵化只用了不到70个小时。

对于卵寄生蜂来说，必须在寄主卵壳变得过于坚硬和卵内胚胎发育到一定阶段之前找到它们并寄生。斜纹夜蛾是个厉害的角色，留给寄生天敌的时间只有几个小时。尽管如此，它还发展出多层卵块的策略，用尽各种手段努力繁衍下去。

集体孵化已接近尾声，大多数幼虫离开了。除了粘在叶片上的卵壳残片，所有的空卵也不见了。看到这里我茅塞顿开——像大多数鳞翅目幼虫那样，刚刚孵化的斜纹夜蛾幼虫会把卵壳吃掉作为第一餐。上层幼虫给自己储备能量的同时，也为下层卵内的同胞们扫清了障碍。

如果顶层卵块被卵蜂寄生，事情就会变得更有意思了。大多数寄生蜂需要十天以上的时间完成一个从卵、幼虫到蛹再到成虫的全部生命周期，咬破蛾卵钻出来。但是三天内，下层的蛾卵就孵化了，此时它们头顶的天敌还处于无助的小幼虫阶段。夜蛾幼虫用自己的上颚破坏部分顶层的被寄生卵，杀出一条血路。

这是它们为同胞复仇的时刻。

因此，寄生蜂在可以选择时，优先寄生裸露的首层和斜面上的卵，避免寄生位于顶部的那一层，这进一步提高了蛾卵的存活率。

幼虫吃完第一餐就会垂丝下行，在风力帮助下扩散，各自谋生。因为它们没有毒毛或者假装的警戒色，如果像刺蛾幼虫那样聚在一起吃东西，便无异于集体自杀。而幼虫最后的落脚点和它们的出生地关系不大，所以雌蛾的产卵地点十分随意。它们会产在非寄主植物上，甚至路灯柱上。幼虫孵化钻出时，对覆盖的毛丛进行了挤压和重塑，形成蕾丝一样漂亮的质感。

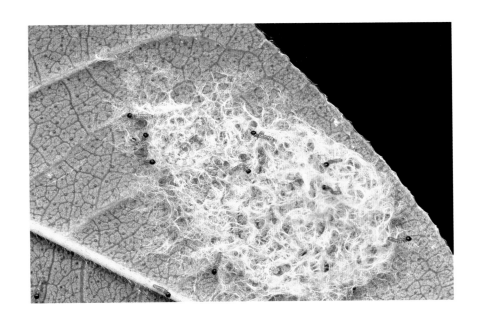

10月下旬，朋友老高利用来杭出差的短暂空隙赴杭植夜拍，我们俩在十几度的气温下翻找日益沉寂的秋虫。

　　园蛛赶在深夜之前编织好它们的圆形网，植物上到处都是闪烁的八卦阵。不管收获如何，它们都会在天亮前回收这张网，然后在枝条间潜伏起来，让这株植物看上去干干净净。

　　管巢蛛也从白天藏身的管状巢穴爬出来，在植物上游走探索。当它们爬过花朵时，可能顺便就完成了传粉这件事。因为很多蜘蛛身上都沾满了花粉。

　　马樱丹的叶子正面有一个斜纹夜蛾的卵块。在夜色的掩映下，第一批小幼虫悄悄地孵化了。然后，它们迫不及待地咀嚼着自己的卵壳。这些几乎可以忽略的窸窸窣窣的动静引起了附近一只斑管巢蛛的注意。

　　蜘蛛迅速赶到现场，面对一群毫无防备的小鲜肉，它毫不犹豫地下手了。

　　斜纹夜蛾绞尽脑汁，把所有的智慧都用来对付卵寄生蜂，但它们面对更加强大的幼虫的捕食者时没有任何反抗能力。

　　管巢蛛用螯肢夹住了两条幼虫，一边享用，一边从容地围着自己的餐桌转圈。垂死的幼虫应该会释放某些报警信息素，恐慌的情绪顿时弥漫整个卵块。

　　已经孵化并且腿脚利索的幼虫，匆匆爬至叶片边缘，从那里纵身一跃，逃离这个杀戮的集中营。

　　它们拖拽的丝线细到看不见，但它们的身体映着月光，像无尽黑暗的海面上的点点舰影。


　　这是昆虫世界的敦刻尔克。

# 姬小蜂的自然史

—

暑假里，我对杭州植物园进行了多次夜拍，收集到了大量对我而言是新种类的昆虫照片。

8月19日这天，我例行扫荡南门和北门之间的区域。今晚的虫子分布很不均匀，有时候连走几百米都没有值得拍摄的，有时候各种门类和行为却又集中爆发于小范围内，比如路边一棵并不高大的亮叶桦。它把枝叶铺展到小路上方，我在远处就看见其中一片叶子上有堆白花花的蝽卵。当我走近站在树下端详，又发现上面还有几只小蜂在转悠。

这堆饱满的蟒卵由4列共12粒组成，单粒卵直径约2毫米，个头很大。每列卵的数目分别为2、3、4、3，这是一种经典排列方式，它的主人很可能是麻皮蟒。卵呈奶白色，但是有四粒卵的表面出现了黑色短线，就像其内部要孵化的某个生命把黑色的腿贴近到卵壁上。我看过不少这样的画面，黑线经常呈辐射状分布，不过我以前没有仔细地思考过。

四五只小蜂在卵堆爬上爬下，非常活跃，但是肉眼并不能判断它们在干什么；同样，在现场的相机屏幕上也不如在家中的电脑前那样心平气和地审视照片，会漏掉一些重要的信息。当时我并未发现，始终躲在右上角缝隙里的家伙是完全不同的另外一种寄生蜂。

为了描述方便，我按照从左往右的4列给这些卵排序。颜色的深浅和数字的不同位置其实别有深意。

拍完这些卵，我在树冠的另一面发现了两只产卵中的斜纹夜蛾。20分钟后，我回到蟒卵所在的这一侧，发现原本在隔壁几片叶子之外休息的一只树蟋不知何时寻了过来，并且赶走了所有的小蜂。

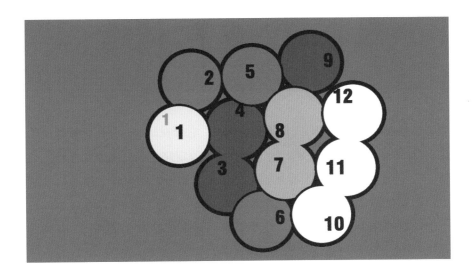

　　树蟋发现了我的靠近，但不打算撤退。它守在蝽卵一边，就好像这些是它自己生出来的孩子一样。接下来我沿着原定路线继续前进找虫子。

　　几十米外的桂花树上我遇到另外的蝽卵和另外的小蜂。树叶沾满灰尘，但28粒卵是整洁光鲜的，尺寸要小很多，直径大约1毫米左右。一只头部超宽的金小蜂在不慌不忙地检查自己未来孩子的食品罐——寄生蜂无所不在。

一小时后我原路返回，树蟋不知去向，一众喧闹的小蜂也各奔西东了。只有那只粗壮但安静的蜂执着地回到了原来的位置。

　　8月22日，我特意回来查看卵内的发育情况。那棵亮叶桦的位置很好记，我不费力气就找到了它们。大多数蟒卵内都出现了黑色的短线，而最早四粒卵中的12号，黑色已经消失，隔着半透明的卵盖能分辨出下面拥挤的白色幼虫。这次是在现场，看到相机屏幕的那一瞬间，我此前的疑惑一下子打通了。

　　像蚕宝宝一样，黑色的短线是寄生蜂的一龄幼虫。从二龄开始它们可能就变成了浅色，不容易看到。蜕下的皮可能会缩小成一个不起眼的黑点，或者被幼虫吃掉。雌虫在卵壁上钻孔，然后产下数粒卵，蟒卵内的少量营养物质通过伤口流出，在外面形成黄色的结痂。卵在入口处孵化，然后一龄幼虫向着远处边吃边前进，就像挖洞比赛一样，形成辐射状的黑色短线。

但是，电脑前的我无意中发现，在树蟋离开后，所有的结痂都不见了！我又重新审视了树蟋和蝽卵在一起的照片，除了10号卵，其他的结痂还在。也就是说，树蟋把那些东西吃掉了！它趁我在树冠另一侧拍夜蛾的时候吃掉了10号卵上的结痂，在我继续游荡并返程前吃掉了其余三粒卵上的结痂，然后离开了。

蝽卵无疑是营养极高的食物，但它被坚硬的卵壳保护，就像铁皮罐头一样，树蟋的口器无能为力。现在，姬小蜂们用自己的产卵管当作开罐器，凿出小孔，树蟋便有机会把溢出的美味一扫而光啦！

当天的照片上显示，四粒卵上又渗出一点点液体，连同其余的卵新形成的结痂都干缩变暗，无虫问津。可见当天的树蟋只是偶然发现了路边的零食，并不打算靠这个填饱肚皮。

观察、分析、推理，也许会有谬误，但这个过程快乐无比！


8月26日。这时候全部的卵里都装满了肥肥的幼虫，看不出什么先

后顺序了。第一天就在的那只蜂依然孤独地停在这里，不知道在等待什么。我决定观察小蜂的羽化，于是把这片亮叶桦的叶子摘下来，连同不离不弃的守护者装到大号离心管里带回家。

这个神秘的守护者在8月的最后一天死了。它从蜻卵的缝隙里掉出来，暴露了自己黑卵蜂的身份。真菌迅速行动，侵蚀它的尸体。菌丝朝四周延伸，像绳索一样把它固定在离心管壁上。

9月3日。卵内小蜂的发育程度从外观上再次拉开了差距，落后的那些还是肉色，应当处在末龄幼虫或者刚刚化蛹的状态。而第一梯队已经变黑，处于蛹期的尾声。寄生蜂们呼之欲出。

9月6日，羽化开始了。

10到12号卵首先启动，二三十只黑色小虫充满了离心管。它们大部分待在管壁上，有四五只守在卵堆上。我忙着把它们装到别的管子，以

方便计数。转移过程比我想象的容易，它们虽然是飞虫，但飞行意愿并不高，每次也就是在空中移动几厘米，和跳跃差不多。而且多数昆虫有往上爬的习惯，我只要用离心管扣住它们轻轻移动，它们碰到管壁就会上来，在封闭的顶端集结。

待在卵堆上的那几只，虽然会爬来爬去，但不会离开卵堆和叶子，这样就方便我在开敞的环境下直接观察了。

1号卵内的小蜂们也一直在努力。卵壁对于它们细小的牙齿来说太过坚硬，它们可能需要接力啃咬才能打开一个容自己钻出的羽化孔。这粒卵里面的小蜂们显然没有协商好，它们就开孔的位置产生了意见分歧，争吵不休，最后决定分成两队各自行动。于是它们在蟑卵的顶端和侧面各开了一个小洞。由于力量分散，这两个洞都不足以让它们钻出去，进度远远落后了。

从卵里出来的寄生蜂和我第一天晚上看到的卵上那一群是同一种类，属于姬小蜂科。它们把破孔过程中咬下的白色卵壁颗粒弄得到处都是，现场有些杂乱。然而我发现了另外一些数目不小的东西，像一些断掉的附肢，可出来的姬小蜂都很健全。这些东西仅凭照片可猜不出来，必须看到羽化过程才行。

经过仔细的观察比对，我激动地发现它们的触角形态略有不同。姬小蜂触角第1节略膨大，第2节很小，这是共性。从第3节开始，雌性触角偏褐色，并且密布短刚毛；而雄性触角每一节基部都有一簇发达的栉状刚毛，当它们兴奋的时候，刚毛会竖起来，区别非常明显。但平时它们像伞骨一样收拢，这时候雌雄就很难区分了。按照身体的比例换算，这些刚毛的直径至多10微米。

1号卵的侧面羽化孔终于扩大成功，里面被憋坏了的小蜂们纷纷钻出，每只所用时间从几分钟到十几秒不等。几只在卵堆上装作无所事事的雄性小蜂马上围拢过来看热闹。

　　触角是重要的感觉器官，雄性需要用它感知雌性，而雌性需要感知寄主。因此一大堆姬小蜂在一粒卵里面推推搡搡的时候很容易损坏触角上的刚毛，为了解决这个问题，它们虽然在蛴卵内羽化，把蜕也留在那里，但它们触角上的蛹壳将一直保留到最后。在从蛴卵出来之前，触角和刚毛都被小心地收在伞套一样的蛹壳里。所以当新生姬小蜂刚从羽化孔中现身的时候，我不能在镜头中判断它的性别。但守在外面的雄性姬小蜂们显然有办法做到。新生雌蜂一露头，它们就迅速围拢过来，嘘寒问暖，触角上打开的刚毛在光线的干涉作用下产生彩虹斑，就像海生生物的鳍一样。

雌蜂出来以后，它们还会帮忙蹭掉其头顶的触角套，也就是几个小时前让我感到困惑的那些东西。奇怪的是，雌蜂出来后并没有雄蜂追上去求偶，这帮单身汉依然守在羽化孔周围，满心期待，幻想着下一个出来的妹子也许更漂亮。如果出来的是一只雄蜂，围观者则爱搭不理，甚至一哄而散，由它自己拆套。

9月7日，今天轮到7号和8号卵内的姬小蜂羽化。所以示意图中颜色的深浅代表羽化的天数，而数字代表羽化孔位置。全部的12粒卵在4天内羽化完毕，假如8月19日是这两只卵被寄生的日子，那么它们完成从卵到成虫的一个生命周期需要19天左右。

从结痂和黑线的分布判断，剩下的8粒蜡卵可能是同一天被寄生的。然而它们的发育过程却不是均匀的。一个卵堆内的姬小蜂幼虫们必定有某种沟通渠道来协调发育进度，既可以趋于一致，又能彼此错开羽化时间。

我用相机追逐这些活泼小虫时，忽然发现在貌似空洞的1号卵底部，有一只暗红色的眼睛正注视着外面的世界。

偶尔的姿势调整显露出它有生命迹象。但是它的室友已经出来一整天了，它在等待什么呢？不知道它要讲一个夭折的故事还是自然醒的故事，总之我先给它起名"赖床君"。

眼神犀利的赖床君成就了我一张颇为得意的摄影作品。

9月8日。我把雌性姬小蜂引到A4纸上，拍摄灰白背景的侧面标准照。昆虫只要活着，就会不断梳理自己，扫掉讨厌的灰尘，让刚毛保持最自然的方向，并且身体的各个关节都显示出肌肉的主动控制。而想要给微型昆虫标本摆出自然姿态是完全做不到的。

有时我们也需要拍摄翅膀的细部。我发现姬小蜂在飞行前有一个类

似于甲虫的亮相动作，即先把翅膀举到最
高，停顿半秒后才起飞。如果配合其他的
小设备，这半秒钟使得拍摄者有足够的机
会在一张生态照上展示更多的信息。

　　傍晚，赖床君开始了它的表演。

　　它无数次做出即将出壳的动作，又一次次缩
回去。搔首弄姿，顾盼左右。在要不要出来以及从侧窗出来还是从天窗
出来的问题上，赖床君犹豫不决，把我的耐心，连同相机和闪光灯的电
池消耗殆尽。

　　就在赖床君把拖延症和选择恐惧症发挥到极致的时候，与它相邻的4
号卵内，新一批姬小蜂们正在紧锣密鼓地进行羽化孔的开掘工作。

　　从卵壳外面，能看到它们弱小的上颚在内部留下的咬痕。这是一个漫长的过程，卵壁在一点点变薄，然而到这一天结束时，这项工作看不出任何实质性进展。

　　9月9日。距离上一张照片大约12个小时以后，这项辛苦的劳作终于取得了突破。卵壁被凿穿，姬小蜂们可以使劲呼吸新鲜空气了。但接下来还有另外一项工作：把洞口扩大到它们可以钻出来的程度。

第二项工作可能耗费了6个小时以上的时间，然后它们在很短的时间内陆续出来了。综合各项任务，从第一只姬小蜂开始啃咬卵壁，到全体撤离，可能需要长达24小时的时间。

根据我的统计，每粒蟑卵可以出蜂10头左右，平均体长1.5毫米，雌雄体型相当，雌性略大。但是几乎每粒卵里都会有一只个头很小的雄性，体长在1.2毫米以下，我想可能是受卵内营养物质总量的限制，只好委屈小儿子了。羽化后的姬小蜂们并没有表现出强烈的交配愿望。离心管里偶尔会出现一两对，雌性把雄性背在身上爬来爬去，但在有进一步行为之前它们就分开了。雄性的体型差异对它们的求偶也没有什么影响。而且它们非常害羞，稍有打扰便立即分开，想把它们从朦胧的离心管中转移到开敞的纸张上是不可能的。

难得有一对安静地待在离心管的橙色盖子里，雄性姬小蜂靠中足抓住雌性的翅基来固定自己，它的外表虽然十分平静，但触角上张开的刚毛反映出此刻它内心的澎湃。

我最关心的9号卵，也就是黑卵蜂持续守护的那一粒，依然全部出来的是姬小蜂。那么在长达10天的时间里，它在姬小蜂的地盘上做了些什么呢？

赖床君居然还在探头探脑。不过它的两只眼睛都瘪进去了，这可能是脱水造成的。我意识到它并非不愿意出来，而应该是身体的某个部位被死死粘在卵底了。这在昆虫羽化的过程中并不罕见。卵壳成了囚笼，它每一次冒头都是为了希望而挣扎，而它退回卵内也只是为了积蓄力量。

我不该嘲讽它为生存所做的努力。至少它在头部已经严重变形的时候仍然没有放弃。

群落中最后一只姬小蜂，

在杨小峰的注视下，

幻想，

飞向星空。

# 后 记

本世纪初，博客网站大行其道。彼时正在读研的我年轻而又精力充沛，也注册了若干，其中一个记录昆虫采风，定名为"法布尔的扇子"。扇子即当年fans（粉丝）的直译，所写日记在文风上向法布尔致敬，精神上亦秉承他的人文思想。

随后十几年，传播平台不断推陈出新，我的角色也从学生成为老师和父亲，日记一度中断。近几年在朋友们的鼓励下，重拾旧趣，督促自己保持观察和写作。因为观察让我快乐，写作催我思考。

达尔文评价法布尔是"无与伦比的观察者"，窃以为在此方面我也略有天赋。我善于看到别人忽略的细节，或是从常人眼里的平凡中找到神奇。作为爱好者，我投入大量的时间自学，并竭尽全力请教各个门类的专业学者，让文章保持严谨。

采风日记的初衷是以纯文字记录闲暇时追随昆虫的乐趣，尽量不配图。当然这很难吸引读者，于是日记逐渐转向图片为辅，再到图文并茂。从2003年开始的13年间，我一直用小数码相机进行拍摄。也有一些自己满意的作品，但总的来说没法跟专业相机的效果比肩。也正因为不受器材的诱惑，我才能把更多的精力用于观察。就像现在我们去看一场精彩的演出，同时又想拍照甚至录像留念，那么对演出本身的感受就逊色了很多。自然爱好者，如果"沦为"身背一堆器材的摄影师，他就失去了真正融于自然的机会。因为法布尔在田野间探索的时候，只带着自

己的眼睛。

2016年，我拥有了自己的单反相机，因为我想给课上的学生们展示一些更加优美的画面，一些我拥有版权的精彩瞬间。

不出所料，在接下来的两年里我开始购置和升级各种配件。还好我的经济能力及时阻止了我成为一名器材党，并且我很快找到了"百微镜头+双头闪光灯+柔光板"的固定搭配，相机成为采风途中的忠实随从，而不是主子。

我从不奢望通过我的笨手拍出惊世好照片，我只贪恋虫虫模特们传递给我的近视眼里的有趣新故事。当然，故事要落实于科学，本书里的大多数文章要付出十几到几十个小时的努力。为了一些只言片语，需要查阅海量论文，辗转联系专家，甚至后期习惯了为写一篇文而买一两本书。我整合这些略显枯燥的知识，把它们编排进我的现场体验，再辅以一定的推理，形成最终的文字。

我希望这些文字能够打动各个年龄段的读者。一方面，消除公众对昆虫的鄙夷和偏见，为渴望返璞归真的成年人打开一扇新世界的大门，让昆虫观察成为放松心情和自然疗愈的重要手段，并从昆虫的美学价值和生存策略等方面为自己的领域提供灵感来源；另一方面，让儿童和青少年了解我们所处世界和生态系统之复杂和奇妙，进而对自然科学和其他学科保持旺盛的求知欲。最重要的，保持对生命的敬畏。

**图书在版编目(CIP)数据**

追随昆虫/杨小峰著.—北京:商务印书馆,2020
(2023.5 重印)
(自然感悟丛书)
ISBN 978-7-100-18517-2

Ⅰ.①追… Ⅱ.①杨… Ⅲ.①昆虫学—普及读物
Ⅳ.①Q96-49

中国版本图书馆 CIP 数据核字(2020)第 088847 号

**追随昆虫**

杨小峰　著

商 务 印 书 馆 出 版
(北京王府井大街 36 号　邮政编码 100710)
商 务 印 书 馆 发 行
北京雅昌艺术印刷有限公司印刷
ISBN 978-7-100-18517-2

2020 年 9 月第 1 版　　开本 880×1230　1/32
2023 年 5 月北京第 3 次印刷　印张 10¾
定价:78.00 元